最强大脑思维训练系列

优等生必学的 速算技巧大全

于雷 等 编著

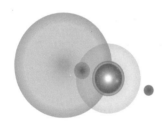

U0397309

清华大学出版社
北京

内 容 简 介

学习速算，不仅仅是强化加、减、乘、除四则运算，以及乘方、开方、分数、方程式、方程组的简单计算法，它还可以在很大程度上帮助学生们轻松驾驭数学，树立强大的学好数学的自信心，开阔思路，扩展思维，让头脑更加灵活，让大脑更加聪明。

本书作为一本为中小学生量身定做的神奇数学魔法书，通过实例详细地介绍了20种常用的数学速算及巧算的方法，以及26个常见数学题型的解题技巧。并在每节中用实例介绍了这些方法和技巧的应用。保证一看就懂，一学就会。让你不禁感慨：如此神奇的算法，为啥数学老师没有教给我！

这本书改变的不仅仅是同学们的数学成绩，还包括思维方式的改变，让孩子一开始就站在不一样的起点上！

图书在版编目（CIP）数据

优等生必学的速算技巧大全/于雷等编著. —北京：清华大学出版社，2017（2023.6重印）
（最强大脑思维训练系列）
ISBN 978-7-302-46321-4

Ⅰ．①优… Ⅱ．①于… Ⅲ．①速算－青少年读物 Ⅳ．①O121.4-49

中国版本图书馆 CIP 数据核字（2017）第 021347 号

责任编辑： 张龙卿
封面设计： 徐日强
责任校对： 刘 静
责任印制： 宋 林

出版发行： 清华大学出版社
  网   址： http://www.tup.com.cn，http://www.wqbook.com
  地   址： 北京清华大学学研大厦 A 座   **邮   编：** 100084
  社 总 机： 010-83470000   **邮   购：** 010-62786544
  投稿与读者服务： 010-62776969，c-service@tup.tsinghua.edu.cn
  质量反馈： 010-62772015，zhiliang@tup.tsinghua.edu.cn
印 装 者： 三河市天利华印刷装订有限公司
经   销： 全国新华书店
开   本： 148mm×210mm   **印   张：** 11.625   **字   数：** 332 千字
版   次： 2017 年 5 月第 1 版   **印   次：** 2023 年 6 月第 20 次印刷
定   价： 59.00 元

产品编号：073712-03

　　计算在我们的日常学习、生活和工作中都有着极为广泛的应用。从我们进入学校开始,计算便贯穿于数学教学的全过程。计算能力是每个人都要具备的基本能力,也是学好数学和其他学科的基础和关键。

　　所谓计算能力,就是指数学上的化归和转化的能力,即把抽象的、复杂的数学表达式或数字通过数学方法转换为我们可以理解的数学式子,并得出结果的能力。这就要求我们不仅能够正确地进行整数、小数、分数等四则运算,还要对其中一些基本计算达到一定的熟练程度,并掌握一些基本的方法和技巧,逐步做到计算方法合理、准确、快速、灵活。

　　因此,我们不能"死"做题,要注意总结归纳。发现各种题目的特点、差别,相应地运用不同的方法和技巧进行速算和巧算。

　　速算与巧算是利用数与数之间的特殊关系进行较快的加、减、乘、除运算。它可以不借助任何计算工具,而是运用一种思维、一种方法,快速而准确地计算加、减、乘、除、乘方等运算。

　　大家知道,在美国科技重地硅谷,从事 IT 业的工程师大多来自印度。他们最大的优势就是数学比别人好,这一切都得益于它们独特的数学教育法。印度数学里的计算方法与我们所学习的有很多不同之处。其中最有特色的就是它的速算和巧算。

　　这些速算与巧算的方法可以比我们一般的计算方法快 10 到 15

倍,学会了这些能够在几秒钟内口算或心算出三四位数的复杂运算。这些方法简单直接,即使是没有数学基础的人也能很快掌握它,而且还非常有趣,运算过程就像游戏一样令人着迷。

比如,计算 25×25,用我们今天的算法,无非是列出竖式逐位相乘,然后相加。但是用这种方法来计算就非常简单了,只需看这个数的十位数字,如果是 2,那么用 2 乘以比它大 1 的数字 3,得到 6,在它的后面加上 25,即 625 就是 25×25 的结果了。怎么样,是不是很神奇呢?这种方法对个位是 5 的相同两位数相乘都是适用的,大家不妨验算一下。

本书汇集了全世界(包括印度数学和我国古代和现代数学在内)的几乎所有中小学生常用的速算、巧算的技巧和方法。这些影响了世界几千年的速算秘诀,不仅可以强化孩子的运算能力,还能够改变他们的思维方式,让同学们从一开始就站在不一样的起点上。

这些巧妙的方法和技巧灵活多样、不拘一格,一道题通常可以有两到三种完全不同的算法。而且这些解题方式有别于我们传统的数学方法,总是窍门多多,方法神奇,更简单、更快捷、更有技巧性。不但可以提高孩子们学习数学的兴趣,还大大提升了计算的速度和准确性,而且训练了孩子们超强的逻辑思维能力,使他们能够在今后的工作和生活中更加出类拔萃。

中小学学生学习速算的五个理由:

(1)提高运算速度,节省运算时间,提高学习效率。

(2)提高运算的准确率,提高成绩。

(3)掌握数学运算的速算思想,探求数字中的规律,发现数字的美妙。

(4)学习速算可以提高大脑的思维能力、快速反应能力、准确的记忆能力

(5)培养创新意识,养成创新习惯。

本书并非只适合孩子,同样适合想改变和训练思维方式的成年人。对孩子来说,它可以提高他们对数学的兴趣,爱上数学,喜欢动脑,还可以提高计算的速度和准确性,提高他们的学习成绩;对成年

人来说,它可以改变其思维方式,令其在工作和生活中出类拔萃、与众不同。

快让我们一起进入数学速算的奇妙世界,学习魔法般神奇的速算法吧!

参与本书编写的人员有于雷、罗飞、于艳华、龚宇华、于艳苓、何正雄、李志新、何晶、李方伟、王春风、魏银波、于艳娟、石秀芹(排名不分先后)等,在此表示感谢。

编　者

2017 年 3 月

目录

第一部分　数学运算中的一些方法和技巧

很多数学运算都有一些特殊的方法和技巧。我们可以利用公式和数的特性等，将复杂的计算过程转化成简单的计算，从而得出我们想要的答案。充分利用这些方法和技巧可以使原本复杂的计算大大简化，并增加准确性。下面就来简单列举一些常用的方法和技巧。

一、凑整法

"凑整法"是在计算过程当中，将中间步骤中的某些数字凑成一个"整数"（整十、整百、整千等方便计算的数字），从而简化计算。

比如我们在计算 56×99 等于几的时候，很多人觉得无法通过口算计算出结果，其实如果我们运用凑整法就会很简单，即把它变成 $56 \times (100 - 1)$ 就行了。

凑整法是简便运算中最常用的一种计算方法，在具体计算时，除了在过程中凑整，我们还可以综合运用数字运算的交换律、结合律等，把可以凑成整十、整百、整千等计算起来更加方便的数放在一起先行运算，从而提高运算速度。

运用凑整法，最重要的是观察数字的特征，判断哪些数字可以凑整，然后应用相关的定律和性质进行运算，通常能够化繁为简。可以运用凑整法的数学运算题目一般有以下几种。

① 加法"凑整"。利用加法的交换律、结合律"凑整"。如：

$$2526 + 1293 + 7474 + 2707$$
$$= (2526 + 7474) + (1293 + 2707)$$
$$= 10000 + 4000$$
$$= 14000$$

② 减法"凑整"。利用减法性质"凑整"。如：

$$2537 - 118 - 382$$
$$= 2537 - (118 + 382)$$
$$= 2537 - 500$$
$$= 2037$$

③ 乘法"凑整"。利用乘法交换律、结合律、分配律"凑整"。如：

$$8 \times 34 \times 25 \times 125 \times 4$$
$$= (125 \times 8) \times (4 \times 25) \times 34$$
$$= 1000 \times 100 \times 34$$
$$= 3400000$$

④ 和（差）代替"凑整"。利用和或差代替原数进行"凑整"。

如 126、99、102 等，我们可以用（125＋1）、（100－1）、（100＋2）等来代替，使运算变得比较简便、快速。

要想能够快速准确地判断和学习凑整法，我们需要记住一些最基本的凑整算式：

$$5 \times 2 = 10$$
$$25 \times 4 = 100$$
$$25 \times 8 = 200$$
$$25 \times 16 = 400$$
$$125 \times 4 = 500$$
$$125 \times 8 = 1000$$
$$125 \times 16 = 2000$$
$$625 \times 4 = 2500$$
$$625 \times 8 = 5000$$
$$625 \times 16 = 10000$$
$$……$$

记住这些常见的凑整算式,我们就可以在运用凑整法计算题目时更加得心应手了。

1. 任意数乘以 5、25、125 的速算技巧

方法:

$A \times 5$ 型式子的速算技巧:$A \times 5 = 10A \div 2$。

$A \times 25$ 型式子的速算技巧:$A \times 25 = 100A \div 4$。

$A \times 125$ 型式子的速算技巧:$A \times 125 = 1000A \div 8$。

提示: A 为变量,代表任意数。

例子:

(1) 计算 $8739.45 \times 5 = $ _____。

解:

$$10 \times 8739.45 \div 2$$

所以 $8739.45 \times 5 = 43697.25$。

(2) 计算 $7234 \times 25 = $ _____。

解:

$$7234 \times 100 \div 4$$

所以 $7234 \times 25 = 180850$。

(3) 计算 $8736 \times 125 = $ _____。

解:

$$8736 \times 1000 \div 8$$

所以 $8736 \times 125 = 1092000$。

练习:

(1) 计算 $36.843 \times 5 = $ _____。

（2）计算 3714×25＝_____。

（3）计算 4115×125＝_____。

2. 任意数乘以 55 的速算技巧

方法：

（1）被乘数除以 2（如除不尽则取整数部分）。

（2）被乘数是单数则补 5，双数则补 0。

（3）将上步结果乘以 11。

例子：

（1）计算 37×55＝_____。

解：

$$37÷2＝18$$

因为 37 是单数，后面补 5 为 185。

$$185×11＝2035$$

所以 $$37×55＝2035$$

（2）计算 32×55＝_____。

解：

$$32÷2＝16$$

因为 32 是双数，后面补 0 为 160。

$$160×11＝1760$$

所以　　　　　　　　$32 \times 55 = 1760$

（3）计算 $78 \times 55 =$ _____。

解：

$$78 \div 2 = 39$$

因为 78 是双数，后面补 0 为 390。

$$390 \times 11 = 4290$$

所以　　　　　　　$78 \times 55 = 4290$

练习：

（1）计算 $178 \times 55 =$ _____。

（2）计算 $97 \times 55 =$ _____。

（3）计算 $26 \times 55 =$ _____。

3．任意数乘以 5 的奇数倍

方法：

（1）先把 5 的奇数倍乘以 2。

（2）与另一个乘数相乘。

（3）结果除以 2。

例子：

（1）计算 $28 \times 5 =$ _____。

解：

$$5 \times 2 = 10$$
$$28 \times 10 = 280$$
$$280 \div 2 = 140$$

所以 $\qquad 28 \times 5 = 140$

（2）计算 $98 \times 15 =$ _____。

解：

$$15 \times 2 = 30$$
$$98 \times 30 = 2940$$
$$2940 \div 2 = 1470$$

所以 $\qquad 98 \times 15 = 1470$

（3）计算 $59 \times 25 =$ _____。

解：

$$25 \times 2 = 50$$
$$59 \times 50 = 2950$$
$$2950 \div 2 = 1475$$

所以 $\qquad 59 \times 25 = 1475$

练习：

（1）计算 $88 \times 35 =$ _____。

（2）计算 $42 \times 15 =$ _____。

（3）计算 $59 \times 45 =$ _____。

4. 任意数乘以 15 的速算技巧

方法：

（1）用被乘数加上自己的一半（如得出数有小数则省略小数部分）。

（2）奇数后面补 5，偶数后面补 0。

例子：

（1）计算 $44 \times 15 =$ _____。

解：

$$44 + 44 \div 2 = 66$$

44 是双数，补 0，所以结果为 660。

所以　　　　　　　　$44 \times 15 = 660$

（2）计算 $33 \times 15 =$ _____。

解：

$33 + 33 \div 2 = 49.5$ 省略小数部分为 49。

33 是单数，补 5，所以结果为 495。

所以　　　　　　　　$33 \times 15 = 495$

（3）计算 125×15＝_____。

解：

$$125＋125÷2＝125＋62＝187$$

125 是单数，补 5，所以结果为 1875。

所以　　　　　　$125×15＝1875$

练习：

（1）计算 76×15＝_____。

（2）计算 144×15＝_____。

（3）计算 257×15＝_____。

5. 扩展：任意数乘以 1.5 的速算技巧

方法：

$$A×1.5＝A＋A÷2$$

例子：

（1）计算 1944×1.5＝_____。

解：

$$1944 + 1944 \div 2 = 1944 + 972$$
$$= 2916$$

所以　　　　　　　$1944 \times 1.5 = 2916$

（2）计算 $98 \times 1.5 =$ _____。

解：

$$98 + 98 \div 2 = 98 + 49$$
$$= 147$$

所以　　　　　　　$98 \times 1.5 = 147$

（3）计算 $125 \times 1.5 =$ _____。

$$125 + 125 \div 2 = 125 + 62.5$$
$$= 187.5$$

所以　　　　　　　$125 \times 1.5 = 187.5$

练习：

（1）计算 $76 \times 1.5 =$ _____。

（2）计算 $144 \times 1.5 =$ _____。

（3）计算 $257 \times 1.5 =$ _____。

6．扩展：任意数乘以 15％的速算技巧

在美国，很多餐馆是需要支付小费的，一般是消费金额的 15％，那么，我们怎样快速地计算出该给多少小费呢？

方法：

（1）先计算消费金额的 10％，也就是 1/10。

（2）将上一步的结果除以 2。

（3）将前两步的结果相加。

例子：

（1）计算 $44 \times 15\% = $ ＿＿＿＿＿＿。

解：

$$44 \times 10\% = 4.4$$
$$4.4 \div 2 = 2.2$$
$$4.4 + 2.2 = 6.6$$

所以　　　　　　　$44 \times 15\% = 6.6$

（2）计算 $98 \times 15\% = $ ＿＿＿＿＿＿。

解：

$$98 \times 10\% = 9.8$$
$$9.8 \div 2 = 4.9$$
$$9.8 + 4.9 = 14.7$$

所以　　　　　　　$98 \times 15\% = 14.7$

（3）计算 $125 \times 15\% = $ ＿＿＿＿＿＿。

解：

$$125 \times 10\% = 12.5$$
$$12.5 \div 2 = 6.25$$
$$12.5 + 6.25 = 18.75$$

所以　　　　　　　$125 \times 15\% = 18.75$

练习：

（1）计算 $76 \times 15\% = $ ＿＿＿＿＿＿。

（2）计算 $144 \times 15\% =$ _____。

（3）计算 $257 \times 15\% =$ _____。

7. 尾数为 5 的两位数的平方

方法：

（1）两个乘数的个位上的 5 相乘得到 25。

（2）十位相乘时应按 $N \times (N+1)$ 的方法进行，得到的积直接写在 25 的前面。

例如 $a5 \times a5$，则先得到 25，然后计算 $a \times (a+1)$ 并放在 25 前面即可。

例子：

（1）计算 $35 \times 35 =$ _____。

解：

$$5 \times 5 = 25$$
$$3 \times (3+1) = 12$$

所以　　　　　$35 \times 35 = 1225$

（2）计算 $85 \times 85 =$ _____。

解：

$$5 \times 5 = 25$$
$$8 \times (8+1) = 72$$

所以　　　　　$85 \times 85 = 7225$

（3）计算 $95 \times 95 =$ _____。

11

解：

$$5 \times 5 = 25$$

$$9 \times (9 + 1) = 90$$

所以　　　　　　　$$95 \times 95 = 9025$$

注意：本题运用的方法不是凑整法，之所以放在这里讲，是因为它是后面几种题型的基础。

练习：

（1）计算 $15^2 = $ _____。

（2）计算 $25^2 = $ _____。

（3）计算 $45^2 = $ _____。

8. 扩展：尾数为 6 的两位数的平方

我们知道尾数为 5 的两个两位数的平方的计算方法，现在我们来学习尾数为 6 的两位数的平方算法。

方法：

（1）先算出这个数减 1 的平方数。

（2）算出这个数与比这个数小 1 的数的和。

（3）将前两步的结果相加。

例子：

（1）计算 $76^2 =$ _____ 。

解：

$$75^2 = 5625$$
$$76 + 75 = 151$$
$$5625 + 151 = 5776$$

所以　　　　$76^2 = 5776$

（2）计算 $16^2 =$ _____ 。

解：

$$15^2 = 225$$
$$16 + 15 = 31$$
$$225 + 31 = 256$$

所以　　　　$16^2 = 256$

（3）计算 $96^2 =$ _____ 。

解：

$$95^2 = 9025$$
$$96 + 95 = 191$$
$$9025 + 191 = 9216$$

所以　　　　$96^2 = 9216$

练习：

（1）计算 $26^2 =$ _____ 。

（2）计算 $46^2 =$ _____ 。

（3）计算 $56^2 = $ _____。

9. 扩展：尾数为 7 的两位数的平方

方法：

（1）先算出这个数减 2 的平方数。

（2）算出这个数与比这个数小 2 的数的和的 2 倍。

（3）将前两步的结果相加。

例子：

（1）计算 $87^2 = $ _____。

解：

$$85^2 = 7225$$
$$(87 + 85) \times 2 = 344$$
$$7225 + 344 = 7569$$

所以　　　　　　$87^2 = 7569$

（2）计算 $27^2 = $ _____。

解：

$$25^2 = 625$$
$$(27 + 25) \times 2 = 104$$
$$625 + 104 = 729$$

所以　　　　　　$27^2 = 729$

（3）计算 $57^2 = $ _____。

解：

$$55^2 = 3025$$
$$(57 + 55) \times 2 = 224$$
$$3025 + 224 = 3249$$

所以　　　　　　$57^2 = 3249$

扩展阅读

相邻两个自然数的平方之差是多少？学过平方差公式的同学们应该很容易就可以回答出这个问题。

$$b^2 - a^2 = (b+a)(b-a)$$

所以差为 1 的两个自然数的平方差为：

$$(a+1)^2 - a^2 = (a+1) + a$$

差为 2 的两个自然数的平方差为：

$$(a+2)^2 - a^2 = [(a+2)+a] \times 2$$

同理，差为 3 的两个自然数的平方差也可以计算出来。

练习：

（1）计算 $17^2 = $ _____。

（2）计算 $37^2 = $ _____。

（3）计算 $77^2 = $ _____。

10. 扩展：尾数为 8 的两位数的平方

方法：

(1) 先凑整算出这个数加 2 的平方数。

(2) 算出这个数与比这个数大 2 的数的和的 2 倍。

(3) 将前两步的结果相减。

例子：

(1) 计算 $78^2 = $ _____。

解：

$$80^2 = 6400$$

$$(78 + 80) \times 2 = 316$$

$$6400 - 316 = 6084$$

所以 $\qquad$ $78^2 = 6084$

(2) 计算 $28^2 = $ _____。

解：

$$30^2 = 900$$

$$(28 + 30) \times 2 = 116$$

$$900 - 116 = 784$$

所以 $\qquad$ $28^2 = 784$

(3) 计算 $58^2 = $ _____。

解：

$$60^2 = 3600$$

$$(58 + 60) \times 2 = 236$$

$$3600 - 236 = 3364$$

所以 $\qquad$ $58^2 = 3364$

扩展阅读

尾数为 1、2、3、4 的两位数的平方数与上面这种方法相似，只需找到相应的尾数为 5 或者尾数为 0 的整数即可。

另外不止两位数适用本方法，其他的多位数平方同样适用。

练习：

（1）计算 $28^2 =$ _____。

（2）计算 $38^2 =$ _____。

（3）计算 $98^2 =$ _____。

11. 扩展：尾数为 9 的两位数的平方

方法：

（1）先凑整算出这个数加 1 的平方数。

（2）算出这个数与比这个数大 1 的数的和。

（3）将前两步的结果相减。

例子：

（1）计算 $79^2 =$ _____。

解：

$$80^2 = 6400$$

$$79 + 80 = 159$$
$$6400 - 159 = 6241$$

所以 $\qquad$ $79^2 = 6241$

（2）计算 $19^2 = $ _____ 。

解：

$$20^2 = 400$$
$$19 + 20 = 39$$
$$400 - 39 = 361$$

所以 $\qquad$ $19^2 = 361$

（3）计算 $59^2 = $ _____ 。

解：

$$60^2 = 3600$$
$$59 + 60 = 119$$
$$3600 - 119 = 3481$$

所以 $\qquad$ $59^2 = 3481$

练习：

（1）计算 $29^2 = $ _____ 。

（2）计算 $39^2 = $ _____ 。

(3) 计算 $99^2 =$ _____。

12. 尾数为 1 的两位数的平方

方法：

(1) 底数的十位数乘以十位数（即十位数的平方）。

(2) 底数的十位数加十位数（即十位数乘以 2）。

(3) 将前两步的结果相加后再加 1。

例子：

(1) 计算 $71^2 =$ _____。

解：

$$70 \times 70 = 4900$$
$$70 \times 2 = 140$$

所以　　　$71^2 = 4900 + 140 + 1 = 5041$

(2) 计算 $91^2 =$ _____。

解：

$$90 \times 90 = 8100$$
$$90 \times 2 = 180$$

所以　　　$91^2 = 8100 + 180 + 1 = 8281$

提示： 熟悉之后，也可以省掉后面的 0 进行速算。

解：

$$9 \times 9 = 81$$
$$9 \times 2 = 18$$

所以　　　$91^2 = 8281$

(3) 计算 $31^2 =$ _____。

解：

$$30 \times 30 = 900$$

$$30 \times 2 = 60$$

所以　　　　　$31^2 = 900 + 60 + 1 = 961$

注意：可参阅乘法速算中的"尾数是 1 的两位数相乘"的内容。

练习：

（1）计算 $81^2 =$ _____。

（2）计算 $61^2 =$ _____。

（3）计算 $21^2 =$ _____。

13. 任意数除以 5 的速算技巧

方法：

方法一：除数增加两倍，结果再乘以 2，即为商。

方法二：被除数除以 10。再乘以 2，即为商。

方法三：被除数乘以 2，结果再除以 10。

例子：

（1）计算 $46 \div 5 =$ _____。

解：

将除数乘以 2 以后，

算式变为 $46 \div 10$，

结果是 4.6。

再乘以 2。

所以　　　　　　　　$46 \div 5 = 4.6 \times 2 = 9.2$

（2）计算 $13 \div 5 =$ _____。

解：

将被除数除以 10，

即 $13 \div 10$，

结果是 1.3。

再乘以 2。

所以　　　　　　　　$13 \div 5 = 1.3 \times 2 = 2.6$

（3）计算 $95 \div 5 =$ _____。

解：

将被除数乘 2，

即 95×2，

结果是 190。

再除以 10。

所以　　　　　　$95 \div 5 = 95 \times 2 \div 10 = 19$

练习：

（1）计算 $1024 \div 5 =$ _____。

（2）计算 $569 \div 5 =$ _____。

（3）计算 1111÷5＝_____。

14. 扩展：除数以 5 结尾的速算技巧

我们学过，如果被除数和除数同时乘以或除以一个相同的数（这个数不等于零），那么所得的商不变。这就是商不变的性质。根据这个性质，可以使一些除法算式计算简便。

方法：

将被除数和除数同时乘以一个数，使得除数变成容易计算的数字。

例子：

（1）计算 2436÷5＝_____。

解：

将被除数和除数同时乘以 2，

算式变为 4872÷10，

结果是 487.2。

所以　　　　　　　　$2436÷5＝487.2$

（2）计算 1324÷25＝_____。

解：

将被除数和除数同时乘以 4，

算式变为 5296÷100，

结果是 52.96。

所以　　　　　　　　$1324÷25＝52.96$

（3）计算 10625÷625＝_____。

解：

将被除数和除数同时乘以 16，

算式变为 $170000 \div 10000$，

结果是 17。

所以　　　　　　　　$10625 \div 625 = 17$

练习：

（1）计算 $3024 \div 15 = $ _____。

（2）计算 $8569 \div 25 = $ _____。

（3）计算 $1111 \div 55 = $ _____。

15. 连除式题的速算技巧

我们学过乘法交换律。交换因数的位置积不变。在连除式题中也同样可以交换除数的位置，商不变。

所以，在连除运算中有这样的性质：一个数除以另一个数所得的商，再除以第三个数，等于第一个数除以第三个数所得的商，再除以第二个数。

用字母表示为：

$$a \div b \div c = a \div c \div b$$

另外，在连除运算中，还可以利用添括号的方法来进行速算和巧算。

在连除算式中，一个数除以另一个数所得的商再除以第三个数，等于第一个数除以第二、三两个数的积。即添上括号后，因为括号前面是除号，所以括号中的运算符号要变为乘号。

用字母表示为：

$$a \div b \div c = a \div (b \times c)$$

利用这个法则可以把两个除数相乘。如果积是整十、整百、整千，则可以使计算简便。

利用这两个性质可以使连除运算简便。

方法：

(1) $a \div b \div c = a \div c \div b$

(2) $a \div b \div c = a \div (b \times c)$

例子：

(1) 计算 $45000 \div 125 \div 15 = $ _____。

解：

$$\begin{aligned}
原式 &= 45000 \div 15 \div 125 \\
&= 3000 \div 125 \\
&= 3 \times 1000 \div 125 \\
&= 3 \times (1000 \div 125) \\
&= 3 \times 8 \\
&= 24
\end{aligned}$$

所以 $\qquad 45000 \div 125 \div 15 = 24$

(2) 计算 $4900 \div 4 \div 25 = $ _____。

解：

$$\begin{aligned}
原式 &= 4900 \div (4 \times 25) \\
&= 4900 \div 100 \\
&= 49
\end{aligned}$$

所以 $\qquad 4900 \div 4 \div 25 = 49$

（3）$24024 \div 4 \div 6 =$ _____。

解：

$$原式 = 24024 \div (4 \times 6)$$
$$= 24024 \div 24$$
$$= 1001$$

所以　　　　　$24024 \div 4 \div 6 = 1001$

练习：

（1）计算 $5000 \div 8 \div 125 =$ _____。

（2）计算 $7000 \div 25 \div 35 =$ _____。

（3）计算 $147000 \div 16 \div 625 =$ _____。

16. 乘除混合运算的速算技巧

在乘除混合运算中，可以把乘数、除数带符号"搬家"。也可以"去括号"或"添括号"。当"去的括号"（或"添的括号"）前面是乘号时，则"要去的括号"（或"要添的括号"）内运算符号不变；当"要去的括号"（或"要添的括号"）前面是除号时，则"要去的括号"（或"要添的括号")内运算符号要改变。原来乘号变为除号,原来的除号变为乘号。用字母表示为(从左往右看是添括号,从右往左看是去括号):

$$a \times b \div c = a \div c \times b = a \times (b \div c)$$

$$a \div b \times c = a \div (b \div c)$$

$$a \div (b \times c) = a \div b \div c$$

利用以上乘除混合运算性质,可以使计算简便。

方法:

(1) $a \times b \div c = a \div c \times b = a \times (b \div c)$

(2) $a \div b \times c = a \div (b \div c)$

(3) $a \div (b \times c) = a \div b \div c$

例子:

(1) 计算 $150 \times 40 \div 50 =$ _____。

　　解:

$$原式 = 150 \div 50 \times 40$$

$$= 3 \times 40$$

$$= 120$$

　　所以　　　　　　$150 \times 40 \div 50 = 120$

(2) 计算 $1320 \times 500 \div 250 =$ _____。

　　解:

$$原式 = 1320 \times (500 \div 250)$$

$$= 1320 \times 2$$

$$= 2640$$

　　所以　　　　　　$1320 \times 500 \div 250 = 2640$

(3) 计算 $72000 \div (125 \times 9) =$ _____。

　　解:

$$原式 = 72000 \div 125 \div 9$$

$$= (72000 \div 9) \div 125$$

$$= 8000 \div 125$$

$$= 8 \times 8$$

$$= 64$$

　　所以　　　　　　$72000 \div (125 \times 9) = 64$

练习：

(1) 计算 $864 \times 27 \div 54 = $ _____。

(2) 计算 $1320 \times 500 \div 250 = $ _____。

(3) 计算 $372 \div 162 \times 54 = $ _____。

17. 用凑整法做加法

方法：

(1) 在两个加数中选择一个数，加上或减去一个数，使它变成一个末尾是 0 的数。

(2) 同时，在另一个数中，相应地减去或加上这个数。

口诀：一边加，一边减。

例子：

(1) 计算 $297 + 514 = $ _____。

解：

297 差 3 到 300，则：

$$原式 = (297 + 3) + (514 - 3)$$
$$= 300 + 511$$
$$= 811$$

所以　　　　　　$297 + 514 = 811$

（2）计算 308＋194＝_____。

解：

308 比 300 多 8，则：

$$原式 = (308 - 8) + (194 + 8)$$
$$= 300 + 202$$
$$= 502$$

所以　　　　　$308 + 194 = 502$

（3）计算 2991＋1452＝_____。

解：

2991 差 9 到 3000，则：

$$原式 = (2991 + 9) + (1452 - 9)$$
$$= 3000 + 1443$$
$$= 4443$$

所以　　　　　$2991 + 1452 = 4443$

注意： 两个加数要一边加、一边减，才能保证结果不变。

练习：

（1）计算 902＋681＝_____。

（2）计算 497＋362＝_____。

（3）计算 4198＋2629＝_____。

18. 用凑整法算减法

方法：

将被减数和减数同时加上或者同时减去一个数，使得减数成为一个整数，从而方便计算。

口诀：同加或同减。

例子：

（1）计算 85－21＝_____。

解：

首先将被减数和减数同时减去 1。

即被减数变为　　　　　　85－1＝84

减数变为　　　　　　　　21－1＝20

则　　　　　　　　　　　84－20＝64

所以　　　　　　　　　　85－21＝64

（2）计算 458－195＝_____。

解：

首先将被减数和减数同时加上 5。

即被减数变为　　　　　　458＋5＝463

减数变为　　　　　　　　195＋5＝200

则　　　　　　　　　　　463－200＝263

所以　　　　　　　　　　458－195＝263

（3）计算 2816－911＝_____。

解：

首先将被减数和减数同时减去 11。

即被减数变为 $\qquad$ $2816-11=2805$

减数变为 $\qquad$ $911-11=900$

则 $\qquad$ $2805-900=1905$

所以 $\qquad$ $2816-911=1905$

练习：

（1）计算 $4582-495=$ _____。

（2）计算 $9458-2104=$ _____。

（3）计算 $8458-2014=$ _____。

19. 用凑整法算小数

凑整法是小数加减法速算与巧算运用的主要方法。

方法：

（1）用的时候看小数部分，主要看末位。

（2）需要注意的是，小数点一定要对齐。

例子：

（1）计算 $5.6+2.38+4.4+0.62=$ _____ 。

解：

5.6 与 4.4 刚好凑成 10，2.38 与 0.62 刚好凑成 3。所以：

$$原式＝(5.6＋4.4)＋(2.38＋0.62)$$
$$＝10＋3$$
$$＝13$$

所以　　　　　$5.6＋2.38＋4.4＋0.62＝13$

（2）计算 $1.999+19.99+199.9+1999=$ _____ 。

解：

因为小数计算起来容易出错。刚好 1999 接近整千数 2000，其余各加数看作与它接近的容易计算的整数。再把多加的那部分减去。所以：

$$原式＝1.999＋19.99＋199.9＋1999$$
$$＝2＋20＋200＋2000－0.001－0.01－0.1－1$$
$$＝2222－1.111$$
$$＝2220.889$$

所以　　　　　$1.999＋19.99＋199.9＋1999＝2220.889$

注意： 一定要记住刚才"多加的"要"减掉"，"多减的"要"加上"。

（3）计算 $34.16+47.82+53.84+64.18=$ _____ 。

解：

这是一个"聚 10"相加法的典型例题，所谓"聚 10"相加法，即当有几个数字相加时，利用加法的交换律与结合律，将加数中能聚成 10 或 10 的倍数的加数交换顺序，先进行结合，然后再把一些加数相加，得出结果。或者改变运算顺序，将相加得整十、整百、整千的数先结合相加，再与其他数相加，得出结果。这是一种运用非常普遍的巧算方法。

这道题目中四个数字都是由整数部分和小数部分组成。因而可以将此题分成整数部分和小数部分两部分来考虑。若只看整数部分，第二个数与第三个数之和正好是 100，第一个数与第四个数之和

31

正好是 98；再看小数部分，第一个数的 0.16 与第三个数的 0.84 的和正好为 1，第二个数的 0.82 与第四个数的 0.18 之和也正好为 1。因此，总和是整数部分加上小数部分，即

$$原式 = 100 + 98 + 1 + 1 = 200$$

练习：

（1）计算 $13.6 + 25.38 + 16.4 + 14.62 =$ _____。

（2）计算 $9.8 + 99.88 + 999.888 + 9999.8888 =$ _____。

（3）计算 $53.64 + 55.78 + 16.44 + 54.56 + 14.22 + 16.36 =$ _____。

20. 用凑整法算分数

与整数运算中的"凑整法"相同，在分数运算中，充分利用四则运算法则和运算律（如交换律、结合律、分配律），使部分的和、差、积、商成为整数、整十数……可以使分数运算得到简化。

方法：

（1）充分运用四则运算法则和运算律。

（2）先借后还。

例子：

（1）计算 $\left(3\dfrac{1}{4}+6\dfrac{2}{3}+1\dfrac{3}{4}+8\dfrac{1}{3}\right)\times\left(2-\dfrac{7}{20}\right)=$ _____。

解：

$$原式=\left[\left(3\dfrac{1}{4}+1\dfrac{3}{4}\right)+\left(6\dfrac{2}{3}+8\dfrac{1}{3}\right)\right]\times\left(2-\dfrac{7}{20}\right)$$

$$=(5+15)\times\left(2-\dfrac{7}{20}\right)$$

$$=20\times2-20\times\dfrac{7}{20}$$

$$=40-7$$

$$=33$$

所以 $\left(3\dfrac{1}{4}+6\dfrac{2}{3}+1\dfrac{3}{4}+8\dfrac{1}{3}\right)\times\left(2-\dfrac{7}{20}\right)=33$

（2）计算 $\left(5\dfrac{1}{8}+6\dfrac{1}{4}+9\dfrac{3}{4}+8\dfrac{7}{8}\right)\times\left(5+\dfrac{8}{15}\right)=$ _____。

解：

$$原式=\left[\left(5\dfrac{1}{8}+8\dfrac{7}{8}\right)+\left(6\dfrac{1}{4}+9\dfrac{3}{4}\right)\right]\times\left(5+\dfrac{8}{15}\right)$$

$$=(14+16)\times\left(5+\dfrac{8}{15}\right)$$

$$=30\times5+30\times\dfrac{8}{15}$$

$$=150+16$$

$$=166$$

所以 $\left(5\dfrac{1}{8}+6\dfrac{1}{4}+9\dfrac{3}{4}+8\dfrac{7}{8}\right)\times\left(5+\dfrac{8}{15}\right)=166$

（3）计算 $\dfrac{7}{16}+\dfrac{5}{16}+\dfrac{17}{32}+\dfrac{3}{16}=$ _____。

解：

$$原式=\left(\dfrac{7}{16}+\dfrac{5}{16}+\dfrac{3}{16}+\dfrac{1}{16}\right)+\dfrac{17}{32}-\dfrac{1}{16}$$

$$=1+\dfrac{17}{32}-\dfrac{1}{16}$$

$$= 1\frac{15}{32}$$

所以 $\dfrac{7}{16}+\dfrac{5}{16}+\dfrac{17}{32}+\dfrac{3}{16}=1\dfrac{15}{32}$

练习：

(1) 计算 $\left(15\dfrac{2}{5}+61\dfrac{2}{7}+17\dfrac{3}{5}+5\dfrac{5}{7}\right)\times\left(8-\dfrac{17}{20}\right)=$ _____。

(2) 计算 $\left(23\dfrac{1}{4}+56\dfrac{2}{3}+11\dfrac{3}{4}+14\dfrac{1}{3}\right)\div\left(4-\dfrac{7}{15}\right)=$ _____。

(3) 计算 $\dfrac{1}{2}+\dfrac{1}{4}+\dfrac{1}{8}+\dfrac{1}{16}+\dfrac{1}{32}+\dfrac{1}{64}=$ _____。

二、补数法

若两数之和是 10、100、1000、$\cdots$、10^n（n 是正整数），那么这两个数就互为补数。例如：4 和 6、88 和 12、455 和 545 等就互为补数。

而广义上来讲，假定 M 为模，若数 a 和 b 满足 $a+b=M$，则称 a、b 互为补数。也就是说，补数是一个数为了成为某个标准数而需要加的数。在数学速算中，一般经常会用到的有两种补数：一种是与其相加得该位上最大数 9 的数，称为 9 补数；另一个是与其相加能进到下一位的数，称为 10 补数。

补数法是从凑整法发展出来的，也算是凑整法的一种特例。

1. 巧用补数做加法

方法：

（1）在两个加数中选择一个数，写成整十数或者整百数减去一个补数的形式。

（2）将整十数或者整百数与另一个加数相加。

（3）减去补数即可。

口诀：加大减差。

例子：

（1）计算 $498+214=$ _____。

解：

498 的补数为 2。

$$498+214=(500-2)+214$$
$$=500+214-2$$
$$=714-2$$
$$=712$$

所以　　　　　　$498+214=712$

（2）计算 $4388+315=$ _____。

解：

4388 的补数为 12。

$$4388+315=(4400-12)+315$$
$$=4400+315-12$$
$$=4715-12$$
$$=4703$$

所以 $4388 + 315 = 4703$

（3）计算 $89 + 53 =$ _____。

解：

89 的补数为 11。

$$89 + 53 = (100 - 11) + 53$$
$$= 100 + 53 - 11$$
$$= 153 - 11$$
$$= 142$$

所以 $89 + 53 = 142$

注意：

（1）这种方法适用于其中一个加数加上一个比较小的、容易计算的补数后可以变为整十数或者整百数的题目。

（2）做加法一般用的是与其相加能进到下一位的补数，而另外一种补数，也就是与其相加能够得到该位上最大数的补数，以后我们会学习到。

练习：

（1）计算 $497 + 136 =$ _____。

（2）计算 $489 + 2223 =$ _____。

（3）计算 1298＋3272＝＿＿＿＿＿＿＿。

2. 巧用补数做减法

前面我们提过：在数学速算中,一般经常会用到的有两种补数：一种是与其相加得该位上最大数 9 的数,称为 9 补数；另一个是与其相加能进到下一位的数,称为 10 补数。

在这里,我们就会用到这两种补数。

方法：

只需分别计算出个位上的数字相对于 10 的补数,与其他位上相对于 9 的补数,写在相应的数字下即可。

小技巧：前位凑九,末（个）位凑十。

例子：

（1）计算 1000－586＝＿＿＿＿＿＿＿。

解：

分别求补（前位凑九,个位凑十）。

$$
\begin{array}{ccc}
5 & 8 & 6 \\
4 & 1 & 4
\end{array}
$$

所以　　　　　　　　$1000 - 586 = 414$

（2）计算 100000－86572＝＿＿＿＿＿＿＿。

解：

$$
\begin{array}{ccccc}
8 & 6 & 5 & 7 & 2 \\
1 & 3 & 4 & 2 & 8
\end{array}
$$

所以　　　　　　$100000 - 86572 = 13428$

（3）计算 1443－854＝＿＿＿＿＿＿＿。

解：

先计算 1000－854。

$$8 \quad 5 \quad 4$$
$$1 \quad 4 \quad 6$$

所以 $\qquad 1000 - 854 = 146$

$\qquad 1443 - 854 = 146 + 443$

$\qquad\qquad\qquad = 146 + 400 + 40 + 3$

$\qquad\qquad\qquad = 589$

所以 $\qquad 1443 - 854 = 589$

练习：

(1) 计算 $1098 - 465 = $ _____ 。

(2) 计算 $9458 - 684 = $ _____ 。

(3) 计算 $855 - 794 = $ _____ 。

3. 巧用补数做乘法

如果一个乘数接近整十、整百、整千或整万时,用补数做乘法可以使其计算过程变简单。

方法:

(1) 将接近整十、整百、整千或整万的数用整数减补数的形式写出来。

(2) 用另一个乘数分别与这个整数和这个补数相乘,再相减。

例子:

(1) 计算 $28 \times 95 =$ _____。

解:

$$
\begin{aligned}
原式 &= 28 \times (100 - 5) \\
&= 28 \times 100 - 28 \times 5 \\
&= 2800 - 140 \\
&= 2660
\end{aligned}
$$

所以　　　　　　$28 \times 95 = 2660$

(2) 计算 $218 \times 195 =$ _____。

解:

$$
\begin{aligned}
原式 &= 218 \times (200 - 5) \\
&= 218 \times 200 - 218 \times 5 \\
&= 43600 - 1090 \\
&= 42510
\end{aligned}
$$

所以　　　　　　$218 \times 195 = 42510$

(3) 计算 $857 \times 990 =$ _____。

解:

$$
\begin{aligned}
原式 &= 857 \times (1000 - 10) \\
&= 857 \times 1000 - 857 \times 10 \\
&= 857000 - 8570 \\
&= 848430
\end{aligned}
$$

所以　　　　　　$857 \times 990 = 848430$

练习：

（1）计算 $56 \times 93 =$ _____。

（2）计算 $35 \times 196 =$ _____。

（3）计算 $228 \times 495 =$ _____。

4. 巧用补数做除法

如果除数接近整百、整千或整万时，用补数做除法计算，其商就非常简单。

方法：

（1）用除数的补数与被除数相乘的积写在被除数下面（末位对齐），然后向右移位，除数是几位数就向被除数的右边移动几位。

（2）如果要求的精确度比较高（小数点后至少有 3 位小数），则用除数的补数乘以上一步的积。所得之积写在上一步的乘积下面（末位对齐），向右再移位。其他以此类推。

（3）被除数与几个移位后的"乘积"相加求和即可。最后根据除法定位法加上小数点，再四舍五入，便是其商。

例子：

（1）计算 $665 \div 96 =$ _____（结果精确到小数点后 3 位）。

解：

首先写下被除数 665，然后计算出除数的补数为 4。

$$665 \times 4 = 2660$$

将 2660 写在上面写下的被除数 665 的下面（末尾对齐），再向右移 2 位，写成：

$$
\begin{array}{l}
6\ 6\ 5 \\
\quad\ 2\ 6\ 6\ 0
\end{array}
$$

如果精度不够，可以用除数的补数 4 乘以上步的积 2660，得到 10640，即写成：

$$
\begin{array}{l}
6\ 6\ 5 \\
\quad\ 2\ 6\ 6\ 0 \\
\qquad\ 1\ 0\ 6\ 4\ 0
\end{array}
$$

将其相加，得到：

$$
\begin{array}{l}
6\ 6\ 5 \\
\quad\ 2\ 6\ 6\ 0 \\
+\ \ 1\ 0\ 6\ 4\ 0 \\
\hline
6\ 9\ 2\ 6\ 6\ 4\ 0
\end{array}
$$

根据除法定位法（下面会讲到），商的整数应是 1 位，因为商要求精确到小数点后 3 位，所以其商便是 6.927。

（2）计算 $1264 \div 998 =$ _____（结果精确到小数点后 4 位）。

解：

首先写下被除数 1264，然后计算出除数的补数为 2。

$$1264 \times 2 = 2528$$

将 2528 写在上面写下的被除数 1264 的下面，向右移 3 位，写成：

$$
\begin{array}{l}
1\ 2\ 6\ 4 \\
\qquad\ 2\ 5\ 2\ 8
\end{array}
$$

如果精度不够，可以用除数的补数 2 乘以上步的积 2528，得到 5056，即可写成：

$$
\begin{array}{l}
1\ 2\ 6\ 4 \\
\qquad\ 2\ 5\ 2\ 8 \\
\qquad\quad\ 5\ 0\ 5\ 6
\end{array}
$$

将其相加,得到:

```
1 2 6 4
    2 5 2 8
+           5 0 5 6
─────────────────────
1 2 6 6 5 3 3 0 5 6
```

根据除法定位法(下面会讲到),商的整数应是 1 位,因为商要求精确到小数点后 4 位,所以其商便是 1. 2665。

(3) 计算 1024÷98＝_____(结果精确到小数点后 4 位)。

解:

首先写下被除数 1024,然后计算出除数的补数为 2。

$$1024×2＝2048$$

将 2048 写在上面写下的被除数 1024 的下面,向右移 2 位,写成:

```
1 0 2 4
    2 0 4 8
```

如果精度不够,可以继续这一步骤,写成:

```
1 0 2 4
    2 0 4 8
        4 0 9 6
            8 1 9 2
```

将其相加,得到:

```
1 0 2 4
    2 0 4 8
        4 0 9 6
+           8 1 9 2
─────────────────────
1 0 4 4 8 9 7 7 9 2
```

根据除法定位法(下面会讲到),商的整数应是 2 位,因为商要求精确到小数点后 4 位,所以其商便是 10. 4490。

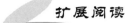 扩展阅读

除法的定位法

在用补数法做除法时,商的定位非常重要,否则即使计算准确,而整数的定位错误,也将前功尽弃。

商的定位法共有两种,即直减法和加 1 法。

(1) 直减法

方法:

在一个除法算式里,当被除数的首位数小于除数的首位数时,商的整数位数,应当是被除数的整数位数,减去除数的整数位数。

公式:

$$j = b - c$$

式中,j 代表商的整数位数;b 代表被除数的整数位数;c 代表除数的整数位数。

例子:

① 判断 $2915 \div 332$ 的商的整数位数是几位。

因为被除数 2915 的首位数是 2,小于除数 332 的首位数 3,所以商的整数位数应当是被除数的整数位数减去除数的整数位数。即:

$$4 \text{ 位} - 3 \text{ 位} = 1 \text{ 位}$$

所以,$2915 \div 332$ 的商的整数位数是 1 位。

② 判断 $5438.2 \div 62.1$ 的商的整数位数是几位。

因为被除数 5438.2 的首位数是 5,小于除数 62.1 的首位数 6,所以商的整数位数应当是被除数的整数位数减去除数的整数位数。即:

$$4 \text{ 位} - 2 \text{ 位} = 2 \text{ 位}$$

所以,$5438.2 \div 62.1$ 的商的整数位数是 2 位。

(2) 加 1 法

方法:

在一个除法算式里,如果被除数的首位数大于除数的首位数时,商的整数位数应当是被除数的整数位数,减去除数的整数位数后再加 1。

公式：

$$j = b - c + 1 \text{ 位}$$

式中，j 代表商的整数位数；b 代表被除数的整数位数；c 代表除数的整数位数。

例子：

① 判断 $576 \div 48$ 的商的整数位数是几位。

因为被除数 576 的首位数 5 大于除数 48 的首位数 4，所以商的整数位数应当是被除数的整数位数，减去除数的整数位数后再加 1 位。即：

$$3 \text{ 位} - 2 \text{ 位} + 1 \text{ 位} = 2 \text{ 位}$$

所以，$576 \div 48$ 的商的整数位数是 2 位。

② 判断 $4237.8 \div 25.1$ 的商的整数位数是几位。

因为被除数 4237.8 的首位数 4，大于除数 25.1 的首位数 2，所以商的整数位数应当是被除数的整数位数，减去除数的整数位数后再加 1 位。即：

$$4 \text{ 位} - 2 \text{ 位} + 1 \text{ 位} = 3 \text{ 位}$$

所以，$4237.8 \div 25.1$ 的商的整数位数是 3 位。

三、基准数法

基准数就是选一个数作为标准，方便其他的数和它比较。通常选取一组数据中最大值和最小值中间的某个比较整的数。

基准数法多用于一组比较接近的数的求和或求平均值，也可用于接近整十整百的数的乘法和乘方的速算。

基准数法用于求和的基本公式如下：

（1）和＝基准数×个数＋浮动值

（2）平均数＝基准数＋浮动值÷个数

1．用基准数法计算连加法

许多数相加，尤其是在统计数据时，如果这些数都接近一个数，我们可以把这个数确定为一个基准数，以这个数为"代表"，乘以相加的个数,再将其他的数与这个数比较,加上多出的部分,减去不足的部分,这样就可以简化计算过程。

方法:

(1)观察各个加数,从中选择一个适当的中间数作为基准数。

(2)通过对各个加数的"割""补",变成基准数加上或减去一个很小的数的形式,采用"以乘代加"和化大数为小数的方法进行速算。

例子:

(1)计算 $51+55+49+47=$ _____。

解:

$$原式 = 50 \times 4 + 1 + 5 - 1 - 3$$
$$= 200 + 2$$
$$= 202$$

所以　　　　　　$51 + 55 + 49 + 47 = 202$

(2)计算 $187+198+201+217+197=$ _____。

解:

$$原式 = 200 \times 5 - 13 - 2 + 1 + 17 - 3$$
$$= 1000 + 0$$
$$= 1000$$

所以　　　　$187 + 198 + 201 + 217 + 197 = 1000$

(3)计算 $87+98+86+97+90+88+99+93+91+87=$ _____。

解:

$$原式 = 90 \times 10 - 3 + 8 - 4 + 7 - 2 + 9 + 3 + 1 - 3$$
$$= 90 \times 10 + 16$$
$$= 916$$

所以

$$87 + 98 + 86 + 97 + 90 + 88 + 99 + 93 + 91 + 87 = 912$$

练习:

(1)计算 $507+498+516+497=$ _____。

（2）计算 81＋78＋86＋77＋80＋81＋79＝_____。

（3）计算 187＋198＋186＋197＋199＋213＋219＋214＝_____。

2. 求互补的两个数的差

方法：

（1）用被减数减去一个基数。

（2）把上一步得到的差乘以 2。

（3）两位数互补，基数用 50；三位数互补，基数用 500；四位数互补，基数用 5000……

例子：

（1）计算 73－27＝_____。

解：

$$原式＝（73－50）×2$$
$$＝46$$

所以　　　　　　　　$73－27＝46$

（2）计算 613－387＝_____。

解：

$$原式＝（613－500）×2$$
$$＝226$$

所以　　　　　　　　$613－387＝226$

（3）计算 $8112-1888=$ _____。

解：

$$原式=(8112-5000)\times 2$$
$$=6224$$

所以　　　　　　　　$8112-1888=6224$

练习：

（1）计算 $713-287=$ _____。

（2）计算 $263-737=$ _____。

（3）计算 $1732-8268=$ _____。

3．接近 100 的两个数字相乘

方法：

（1）设定 100 为基准数，计算出两个数与 100 之间的差。

（2）将被乘数与乘数竖排写在左边，两个差竖排写在右边，中间用斜线隔开。

（3）将上两排数字交叉相加所得的结果写在第三排的左边。

（4）将两个差相乘所得的积写在右边。

（5）将第（3）步的结果乘以基准数 100，与第（4）步所得结果加起来，即为最终结果。

例子：

（1）计算 $86 \times 92 =$ _____。

解：

先计算出 86、92 与 100 的差，分别为 -14 和 -8，因此可以写成下列形式：

$$86 / -14$$
$$92 / -8$$

交叉相加，$86 - 8$ 或 $92 - 14$，都等于 78。

两个差相乘，$(-14) \times (-8) = 112$。

因此可以写成：

$$86 / -14$$
$$92 / -8$$
$$78 / 112$$
$$78 \times 100 + 112 = 7912$$

所以　　　　　　　　$86 \times 92 = 7912$

（2）计算 $93 \times 112 =$ _____。

解：

先计算出 93、112 与 100 的差，分别为 -7 和 12，因此可以写成下列形式：

$$93 / -7$$
$$112 / 12$$

交叉相加，$93 + 12$ 或 $112 - 7$，都等于 105。

两个差相乘，$(-7) \times 12 = -84$。

因此可以写成：

$$93 / -7$$
$$112 / 12$$
$$105 / -84$$
$$105 \times 100 - 84 = 10416$$

所以　　　　　　$93 \times 112 = 10416$

（3）计算 $102 \times 113 =$ _____。

解：

先计算出 102、113 与 100 的差，分别为 2 和 13，因此可以写成下列形式：

$$102/2$$

$$113/13$$

交叉相加，102＋13 或 113＋2，都等于 115。

两个差相乘，$2 \times 13 = 26$。

因此可以写成：

$$102/2$$

$$113/13$$

$$115/26$$

$$115 \times 100 + 26 = 11526$$

所以　　　　　$102 \times 113 = 11526$

练习：

（1）计算 $89 \times 103 =$ _____。

（2）计算 $112 \times 103 =$ _____。

（3）计算 $105 \times 96 =$ _____。

4. 扩展：接近 200 的两个数字相乘

方法：

（1）设定 200 为基准数，计算出两个数与 200 之间的差。

（2）将被乘数与乘数竖排写在左边，两个差竖排写在右边，中间用斜线隔开。

（3）将上两排数字交叉相加所得的结果写在第三排的左边。

（4）将两个差相乘所得的积写在右边。

（5）将第（3）步的结果乘以基准数 200，与第（4）步所得结果加起来，即为最终结果。

例子：

（1）计算 $186 \times 192 =$ _____。

解：

先计算出 186、192 与 200 的差，分别为 -14 和 -8，因此可以写成下列形式：

$$186/-14$$
$$192/-8$$

交叉相加，$186-8$ 或 $192-14$，结果都等于 178。

两个差相乘，即 $(-14) \times (-8) = 112$。

因此可以写成：

$$186/-14$$
$$192/-8$$
$$178/112$$
$$178 \times 200 + 112 = 35712$$

所以 $186 \times 192 = 35712$

（2）计算 $193 \times 212 =$ _____。

解：

先计算出 193、212 与 200 的差，分别为 -7 和 12，因此可以写成下列形式：

$$193/-7$$
$$212/12$$

交叉相加,即 193＋12 或 212－7,结果都等于 205。

两个差相乘,即(－7)×12＝－84。

因此可以写成：

$$193/-7$$
$$212/12$$
$$205/-84$$
$$205×200-84=40916$$

所以　　　　　$193×212=40916$

(3) 计算 $203×212=$ _____。

解：

先计算出 203、212 与 200 的差,分别为 3 和 12,因此可以写成下列形式：

$$203/3$$
$$212/12$$

交叉相加,即 203＋12 或 212＋3,结果都等于 215。

两个差相乘,即 3×12＝36。

因此可以写成：

$$203/3$$
$$212/12$$
$$215/36$$
$$215×200+36=43036$$

所以　　　　　$203×212=43036$

扩展阅读

同样,还可以用以上方法计算接近 250、300、350、400、450、500、550、1000…数字的乘法,只需选择相应的基准数即可。

当然,当两个数字都接近某个 10 的倍数时,也可以用这种方法,选择这个 10 的倍数作为基准数,这个方法依然适用。

练习：

（1）计算 $211 \times 198 =$ _____。

（2）计算 $204 \times 203 =$ _____。

（3）计算 $195 \times 193 =$ _____。

5. 扩展：接近 50 的两个数字相乘

方法：

（1）设定 50 为基准数，计算出两个数与 50 之间的差。

（2）将被乘数与乘数竖排写在左边，两个差竖排写在右边，中间用斜线隔开。

（3）将上两排数字交叉相加所得的结果写在第三排的左边。

（4）将两个差相乘所得的积写在右边。

（5）将第（3）步的结果乘以基准数 50，与第（4）步所得结果加起来，即为最终结果。

例子：

（1）计算 $46 \times 42 =$ _____。

解：

先计算出 46、42 与 50 的差，分别为 -4 和 -8，因此可以写成下列形式：

$$46/-4$$
$$42/-8$$

交叉相加，即 $46-8$ 或 $42-4$，都等于 38。

两个差相乘，即 $(-4)\times(-8)=32$。

因此可以写成：

$$46/-4$$
$$42/-8$$
$$38/32$$
$$38\times50+32=1932$$

所以 $46\times42=1932$

（2）计算 $53\times42=$ _____ 。

解：

先计算出 53、42 与 50 的差，分别为 3 和 -8，因此可以写成下列形式：

$$53/3$$
$$42/-8$$

交叉相加，即 $53-8$ 或 $42+3$，都等于 45。

两个差相乘，即 $3\times(-8)=-24$。

因此可以写成：

$$53/3$$
$$42/-8$$
$$45/-24$$
$$45\times50-24=2226$$

所以 $53\times42=2226$

（3）计算 $61\times52=$ _____ 。

解：

先计算出 61、52 与 50 的差，分别为 11 和 2，因此可以写成下列形式：

61/11

52/2

交叉相加,即 61＋2 或 52＋11,都等于 63。

两个差相乘,即 11×2＝22。

因此可以写成:

61/11

52/2

63/22

63×50＋22＝3172

所以   61×52＝3172

练习:

(1) 计算 53×48＝_____。

(2) 计算 47×51＝_____。

(3) 计算 46×48＝_____。

6. 扩展：接近 30 的两个数字相乘

方法：

（1）设定 30 为基准数，计算出两个数与 30 之间的差。

（2）将被乘数与乘数竖排写在左边，两个差竖排写在右边，中间用斜线隔开。

（3）将上两排数字交叉相加所得的结果写在第三排的左边。

（4）将两个差相乘所得的积写在右边。

（5）将第（3）步的结果乘以基准数 30，与第（4）步所得结果加起来，即为最终结果。

例子：

（1）计算 $26 \times 32 =$ _____ 。

解：

先计算出 26、32 与 30 的差，分别为 -4 和 2，因此可以写成下列形式：

$$26/-4$$
$$32/2$$

交叉相加，即 $26+2$ 或 $32-4$，都等于 28。

两个差相乘，即 $(-4) \times 2 = -8$。

因此可以写成：

$$28/-8$$
$$28 \times 30 - 8 = 832$$

所以　　　　　　$26 \times 32 = 832$

（2）计算 $33 \times 32 =$ _____ 。

解：

先计算出 33、32 与 30 的差，分别为 3 和 2，因此可以写成下列形式：

$$33/3$$
$$32/2$$

交叉相加，即 $33+2$ 或 $32+3$，都等于 35。

两个差相乘，即 $3 \times 2 = 6$。

因此可以写成：

$$35/6$$

$$35 \times 30 + 6 = 1056$$

所以 $33 \times 32 = 1056$

（3）计算 $37 \times 22 =$ _____。

解：

先计算出 37、22 与 30 的差，分别为 7 和 -8，因此可以写成下列形式：

$$37/7$$

$$22/-8$$

交叉相加，即 $37 - 8$ 或 $22 + 7$，都等于 29。

两个差相乘，即 $7 \times (-8) = -56$。

因此可以写成：

$$29/-56$$

$$29 \times 30 - 56 = 814$$

所以 $37 \times 22 = 814$

注意：这个基准数可以设定为容易计算的任何数值。

练习：

（1）计算 $33 \times 28 =$ _____。

（2）计算 $27 \times 31 =$ _____。

（3）计算 $36 \times 28 =$ _____。

7．25～50 之间的两位数的平方

方法：

（1）用底数减去 25，得数为前积（千位和百位）。

（2）50 减去底数所得的差的平方作为后积（十位和个位），满百进 1，没有十位补 0。

例子：

（1）计算 $37^2 =$ _____。

解：

$$37 - 25 = 12$$
$$(50 - 37)^2 = 169$$

所以 $\qquad 37^2 = 1369$

注意：底数减去 25 后，要记住在得数的后面留两个位置给十位和个位。

（2）计算 $26^2 =$ _____。

解：

$$26 - 25 = 1$$
$$(50 - 26)^2 = 576$$

所以 $\qquad 26^2 = 676$

（3）计算 $42^2 =$ _____。

解：

$$42 - 25 = 17$$
$$(50 - 42)^2 = 64$$

所以 $\qquad 42^2 = 1764$

练习：

（1）计算 $49^2 =$ _____ 。

（2）计算 $31^2 =$ _____ 。

（3）计算 $29^2 =$ _____ 。

8. 心算 11～19 的平方

方法：

（1）以 10 为基准数，计算出要求的数与基准数的差。

（2）利用公式 $1a^2 = 1a + a/a^2$ 求出平方（用 $1a$ 来表示十位为 1、个位为 a 的数字）。

（3）斜线只作区分之用，后面只能有 1 位数字，超出部分进位到斜线前面。

例子：

（1）计算 $11^2 = $ _____。

解：

$$11^2 = 11 + 1/1^2$$
$$= 12/1$$
$$= 121$$

（2）计算 $12^2 = $ _____。

解：

$$12^2 = 12 + 2/2^2$$
$$= 14/4$$
$$= 144$$

（3）计算 $13^2 = $ _____。

解：

$$13^2 = 13 + 3/3^2$$
$$= 16/9$$
$$= 169$$

（4）计算 $14^2 = $ _____。

解：

$$14^2 = 14 + 4/4^2$$
$$= 18/16$$
$$= 196(16 \text{ 的十位进位 } 1)$$

练习：

（1）计算 $15^2 = $ _____。

（2）计算 $18^2 = $ _____ 。

（3）计算 $19^2 = $ _____ 。

9. 扩展：心算 21～29 的平方

方法：

（1）以 20 为基准数，计算出要求的数与基准数的差。

（2）利用公式 $2a^2 = 2 \times (2a + a)/a^2$ 求出平方（用 $2a$ 来表示十位为 2，个位为 a 的数字）。

（3）斜线只作区分之用，后面只能有 1 位数字，超出部分进位到斜线前面。

例子：

（1）计算 $21^2 = $ _____ 。

解：

$$21^2 = 2 \times (21 + 1)/1^2$$
$$= 44/1$$
$$= 441$$

（2）计算 $22^2 = $ _____ 。

解：

$$22^2 = 2 \times (22 + 2)/2^2$$
$$= 48/4$$
$$= 484$$

（3）计算 $24^2 =$ _____。

解：

$$24^2 = 2 \times (24 + 4)/4^2$$
$$= 56/16$$
$$= 576（进位）$$

练习：

（1）计算 $25^2 =$ _____。

（2）计算 $27^2 =$ _____。

（3）计算 $29^2 =$ _____。

10．扩展：心算 31～39 的平方

方法：

（1）以 30 为基准数，计算出要求的数与基准数的差。

（2）利用公式 $3a^2 = 3 \times (3a + a)/a^2$ 求出平方（用 $3a$ 来表示十位为 3，个位为 a 的数字）。

（3）斜线只作区分之用，后面只能有 1 位数字，超出部分进位到斜线前面。

例子：

（1）计算 $31^2 = $ _____。

解：

$$31^2 = 3 \times (31 + 1)/1^2$$
$$= 96/1$$
$$= 961$$

（2）计算 $32^2 = $ _____。

解：

$$32^2 = 3 \times (32 + 2)/2^2$$
$$= 102/4$$
$$= 1024$$

（3）计算 $34^2 = $ _____。

解：

$$34^2 = 3 \times (34 + 4)/4^2$$
$$= 114/16$$
$$= 1156（进位）$$

扩展阅读

运用上面的公式，你应该可以很容易地计算出 41～99 的平方数，它们的方法都是类似的。

公式如下：

$$4a^2 = 4 \times (4a + a)/a^2$$
$$5a^2 = 5 \times (5a + a)/a^2$$
$$6a^2 = 6 \times (6a + a)/a^2$$
$$7a^2 = 7 \times (7a + a)/a^2$$
$$8a^2 = 8 \times (8a + a)/a^2$$
$$9a^2 = 9 \times (9a + a)/a^2$$

例子：

（1）计算 $64^2 =$ _____。

解：

$$64^2 = 6 \times (64 + 4)/4^2$$
$$= 408/16$$
$$= 4096(16 的十位进位 1)$$

（2）计算 $83^2 =$ _____。

解：

$$83^2 = 8 \times (83 + 3)/3^2$$
$$= 688/9$$
$$= 6889$$

（3）计算 $96^2 =$ _____。

解：

$$96^2 = 9 \times (96 + 6)/6^2$$
$$= 918/36$$
$$= 9216(36 的十位进位 3)$$

练习：

（1）计算 $69^2 =$ _____。

（2）计算 $72^2 =$ _____。

（3）计算 $99^2 =$ _____。

11. 用基数法计算三位数的平方

方法：

（1）以 100 的整数倍为基准数，计算出要计算的数与基准数的差，并将差的平方的后两位作为结果的后两位，如果超出两位，则记下这个进位。

（2）将要计算的数与差相加，乘以所求数除 100 后所得的整数部分。如果上一步有进位，则加上进位，与上一步的后两位合在一起作为结果。

（3）斜线只作区分之用，后面只能有 2 位数字，超出部分进位到斜线前面。

例子：

（1）计算 $213^2 =$ _____。

解：

基准数为 200。

$$213 - 200 = 13$$
$$13^2 = 169（记下 69，进位为 1）$$
$$213 + 13 = 226$$
$$226 \times 2 = 452$$

所以结果为 452/169，

进位后得到 45369。

所以　　　　　　　$213^2 = 45369$

（2）计算 $812^2 =$ _____。

解：

基准数为 800。

$$812 - 800 = 12$$

$$12^2 = 144(记下 44,进位 1)$$

$$812 + 12 = 824$$

$$824 \times 8 = 6592$$

所以结果为 $6592/144$，

进位后得到 659344。

所以　　　　　　　　$812^2 = 659344$

(3) 计算 $489^2 = $ _____。

解：

基准数为 500。

$$489 - 500 = -11$$

$$(-11)^2 = 121(记下 21,进位 1)$$

$$489 - 11 = 478$$

$$478 \times 5 = 2390$$

所以结果为 $2390/121$，

进位后得到 239121。

所以　　　　　　　　$489^2 = 239121$

练习：

(1) 计算 $509^2 = $ _____。

(2) 计算 $612^2 = $ _____。

（3）计算 $704^2 =$ _____。

12. 用基准数法算两位数的立方

方法：

（1）以 10 的整数倍为基准数，计算出要求的数与基准数的差。

（2）将要求的数与差的 2 倍相加。

（3）将第（2）步的结果乘以基准数的平方。

（4）将第（2）步的结果减去基准数，乘以第一步所得的差，再乘以基准数。

（5）计算出第 1 步所得的差的立方。

（6）将第（3）～（5）步的结果相加即可。

例子：

（1）计算 $13^3 =$ _____。

解：

基准数为 10。

$$13 - 10 = 3$$
$$13 + 3 \times 2 = 19$$
$$19 \times 10^2 = 1900$$
$$(19 - 10) \times 3 \times 10 = 270$$
$$3^3 = 27$$

结果为　　　　$1900 + 270 + 27 = 2197$

所以　　　　　$13^3 = 2197$

（2）计算 $62^3 =$ _____。

解：

基准数为 60。

$$62 - 60 = 2$$

$$62 + 2 \times 2 = 66$$

$$66 \times 60^2 = 237600$$

$$(66 - 60) \times 2 \times 60 = 720$$

$$2^3 = 8$$

结果为 $237600 + 720 + 8 = 238328$

所以 $62^3 = 238328$

（3）计算 $37^3 = $ _____。

解：

基准数为 40。

$$37 - 40 = -3$$

$$37 + (-3) \times 2 = 31$$

$$31 \times 40^2 = 49600$$

$$(31 - 40) \times (-3) \times 40 = 1080$$

$$(-3)^3 = -27$$

结果为 $49600 + 1080 - 27 = 50653$

所以 $37^3 = 50653$

练习：

（1）计算 $21^3 = $ _____。

（2）计算 $77^3 = $ _____。

（3）计算 $95^3 =$ _____。

四、平方数法

平方是一种特殊的乘法，很多数的平方算法是有规律的，我们掌握了这些规律并且记住一些常用的平方结果之后，把普通的乘法转换成乘方运算，就可以大大简化计算过程。

所谓平方数也叫做完全平方数，就是指这个数是某个整数的平方。也就是说一个数如果是另一个整数的平方，那么我们就称这个数为完全平方数。

例如：

$$1^2 = 1 \quad 2^2 = 4 \quad 3^2 = 9$$
$$4^2 = 16 \quad 5^2 = 25 \quad 6^2 = 36$$
$$7^2 = 49 \quad 8^2 = 64 \quad 9^2 = 81$$
$$10^2 = 100 \quad \cdots$$

其中，1、4、9、16、25…这些数为完全平方数。

（1）完全平方数的性质

观察这些完全平方数，我们可以发现它们的个位数、十位数、数字和等存在一定的规律性。根据这些规律，可以总结出完全平方数的一些常用性质。

性质 1：完全平方数的末位数只能是 **1、4、5、6、9** 或者 **00**。

换句话说，一个数字如果以 2、3、7、8 或者单个 0 结尾，那这个数一定不是完全平方数。

性质 2：奇数的平方的个位数字为奇数，偶数的平方的个位数一定是偶数。

证明：

奇数必为下列五种形式之一，即

$10a+1,10a+3,10a+5,10a+7,10a+9$。

分别平方后，得

$(10a+1)^2=100a^2+20a+1=20a\times(5a+1)+1$

$(10a+3)^2=100a^2+60a+9=20a\times(5a+3)+9$

$(10a+5)^2=100a^2+100a+25=20\times(5a^2+5a+1)+5$

$(10a+7)^2=100a^2+140a+49=20\times(5a^2+7a+2)+9$

$(10a+9)^2=100a^2+180a+81=20\times(5a^2+9a+4)+1$

综合以上各种情形可知：奇数的平方，个位数字为奇数 1、5、9，十位数字为偶数。

同理可证明偶数的平方的个位数一定是偶数。

性质 3：如果完全平方数的十位数字是奇数，则它的个位数字一定是 6；反之，如果完全平方数的个位数字是 6，则它的十位数字一定是奇数。

推论 1：如果一个数的十位数字是奇数，而个位数字不是 6，那么这个数一定不是完全平方数。

推论 2：如果一个完全平方数的个位数字不是 6，则它的十位数字是偶数。

性质 4：偶数的平方是 4 的倍数；奇数的平方是 4 的倍数加 1。

这是因为：

$$(2k+1)^2=4k(k+1)+1$$

$$(2k)^2=4k^2$$

性质 5：奇数的平方是 $8n+1$ 型；偶数的平方为 $8n$ 或 $8n+4$ 型。

在性质 4 的证明中，由 $k(k+1)$ 一定为偶数可得到 $(2k+1)^2$ 是 $8n+1$ 型的数；由该数为奇数或偶数可得 $(2k)^2$ 为 $8n$ 型或 $8n+4$ 型的数。

性质 6：平方数的形式必为下列两种之一：$3k$、$3k+1$。

因为自然数被 3 除按余数的不同可以分为三类：$3m$、$3m+1$、$3m+2$。各自平方后，分别得：

$$(3m)^2 = 9m^2 = 3k$$
$$(3m+1)^2 = 9m^2 + 6m + 1 = 3k + 1$$
$$(3m+2)^2 = 9m^2 + 12m + 4 = 3k + 1$$

性质 7：不是 **5** 的因数或倍数的数的平方为 **5k＋/－1** 型，是 **5** 的因数或倍数的数为 **5k** 型。

性质 8：平方数的形式具有下列形式之一：**16m**、**16m＋1**、**16m＋4**、**16m＋9**。

记住完全平方数的这些性质有利于我们判断一个数是不是完全平方数。为此，要记住以下结论：

① 个位数是 2、3、7、8 的整数一定不是完全平方数。

② 个位数和十位数都是奇数的整数一定不是完全平方数。

③ 个位数是 6，十位数是偶数的整数一定不是完全平方数。

④ 奇数的平方的十位数字为偶数；奇数的平方的个位数字是奇数；偶数的平方的个位数字是偶数。

⑤ 除以 3 的余数只能是 0 或 1；形如 $3n+2$ 型的整数一定不是完全平方数。

⑥ 除以 4 的余数只能是 0 或 1；形如 $4n+2$ 和 $4n+3$ 型的整数一定不是完全平方数。

⑦ 形如 $5n\pm2$ 型的整数一定不是完全平方数。

⑧ 形如 $8n+2$、$8n+3$、$8n+5$、$8n+6$、$8n+7$ 型的整数一定不是完全平方数。

⑨ 约数个数为奇数；否则不是完全平方数。

⑩ 两个相邻整数的平方之间不可能再有完全平方数。

（2）常用的平方公式

① 平方差公式：

$$x^2 - y^2 = (x-y)(x+y)$$

② 完全平方和公式：

$$(x+y)^2 = x^2 + 2xy + y^2$$

③ 完全平方差公式：

$$(x-y)^2 = x^2 - 2xy + y^2$$

（3）常用的平方数

牢记一些常用的平方数,特别是 11～30 以内的数的平方,可以很好地提高计算速度。

$$11^2 = 121$$
$$12^2 = 144$$
$$13^2 = 169$$
$$14^2 = 196$$
$$15^2 = 225$$
$$16^2 = 256$$
$$17^2 = 289$$
$$18^2 = 324$$
$$19^2 = 361$$
$$20^2 = 400$$
$$21^2 = 441$$
$$22^2 = 484$$
$$23^2 = 529$$
$$24^2 = 576$$
$$25^2 = 625$$
$$26^2 = 676$$
$$27^2 = 729$$
$$28^2 = 784$$
$$29^2 = 841$$
$$30^2 = 900$$

1. 任意两位数的平方

方法:

（1）用 ab 来表示要计算平方的两位数,其中 a 为十位上的数, b 为个位上的数。

（2）结果的第一位为 a^2,第二位为 $2ab$,第三位为 b^2。记作: $a^2/2ab/b^2$。

（3）斜线只作区分之用,后面只能有 1 位数字,超出部分进位到斜线前面。

例子：

（1）计算 $13^2 = $ _____。

解：

$$1^2/2 \times 1 \times 3/3^2$$
$$1/6/9$$

结果为 169。

所以 $13^2 = 169$

（2）计算 $62^2 = $ _____。

解：

$$6^2/2 \times 6 \times 2/2^2$$
$$36/24/4$$

进位后结果为 3844。

所以 $62^2 = 3844$

（3）计算 $57^2 = $ _____。

解：

$$5^2/2 \times 5 \times 7/7^2$$
$$25/70/49$$

进位后结果为 3249。

所以 $57^2 = 3249$

练习：

（1）计算 $19^2 = $ _____。

（2）计算 $27^2 = $ _____。

（3）计算 $93^2 =$ _____。

2. 扩展：任意三位数的平方

方法：

（1）用 abc 来表示要计算平方的三位数，其中 a 为百位上的数，b 为十位上的数，c 为个位上的数。

（2）结果的第一位为 a^2，第二位为 $2ab$，第三位为 $2ac+b^2$，第四位为 $2bc$，第五位为 c^2。记作：$a^2/2ab/2ac+b^2/2bc/c^2$。

（3）斜线只作区分之用，后面只能有 1 位数字，超出部分进位到斜线前面。

例子：

（1）计算 $132^2 =$ _____。

解：

$$1^2/2 \times 1 \times 3/2 \times 1 \times 2 + 3^2/2 \times 3 \times 2/2^2$$
$$1/6/13/12/4$$

进位后结果为 17424。

所以　　　　　　　　$132^2 = 17424$

（2）计算 $262^2 =$ _____。

解：

$$2^2/2 \times 2 \times 6/2 \times 2 \times 2 + 6^2/2 \times 6 \times 2/2^2$$
$$4/24/44/24/4$$

进位后结果为 68644。

所以　　　　　　　　$262^2 = 68644$

（3）计算 $568^2 =$ _____。

解：

$$5^2/2 \times 5 \times 6/2 \times 5 \times 8 + 6^2/2 \times 6 \times 8/8^2$$

25/60/116/96/64

进位后结果为 322624。

所以 $568^2 = 322624$

练习：

（1）计算 $152^2 =$ _____。

（2）计算 $185^2 =$ _____。

（3）计算 $836^2 =$ _____。

3. 用中间数算乘法

我们已经知道如何计算数的平方了，而且有一些常用的数的平方我们也应该记住了。有了这个基础，可以运用因数分解法来使某些符合特定规律的乘法转变成简单的方式进行计算。这个特定的规律就是：相乘的两个数之间的差必须为偶数。

方法：

（1）找出被乘数和乘数的中间数（只有相乘的两个数之差为偶

数,它们才有中间数)。

（2）确定被乘数和乘数与中间数之间的差。

（3）用因数分解法把乘法转变成平方差的形式进行计算。

例子：

（1）计算 $17 \times 13 =$ _____。

解：

首先找出它们的中间数为15（求中间数很简单，即将两个数相加除以 2 即可，一般心算即可求出）。另外，计算出被乘数和乘数与中间数之间的差为 2。因此

$$17 \times 13 = (15 + 2) \times (15 - 2)$$
$$= 15^2 - 2^2$$
$$= 225 - 4$$
$$= 221$$

所以 $\qquad 17 \times 13 = 221$

（2）计算 $158 \times 142 =$ _____。

解：

首先找出它们的中间数为150。另外，计算出被乘数和乘数与中间数之间的差为 8。因此

$$158 \times 142 = (150 + 8) \times (150 - 8)$$
$$= 150^2 - 8^2$$
$$= 22500 - 64$$
$$= 22436$$

所以 $\qquad 158 \times 142 = 22436$

（3）计算 $59 \times 87 =$ _____。

解：

首先找出它们的中间数为73。另外，计算出被乘数和乘数与中间数之间的差为 14。因此

$$59 \times 87 = (73 - 14) \times (73 + 14)$$
$$= 73^2 - 14^2$$
$$= 5329 - 196$$
$$= 5133$$

所以　　　　　　　　　$59 \times 87 = 5133$

注意：被乘数与乘数相差越小，计算越简单。

练习：

（1）计算 $27 \times 35 = $ _____。

（2）计算 $171 \times 175 = $ _____。

（3）计算 $583 \times 591 = $ _____。

4. 用模糊中间数算乘法

有的时候，中间数的选择并不一定要取标准的中间数（即两个数的平均数），为了方便计算，还可以取凑整或者平方容易计算的数作为中间数。

方法：

（1）找出被乘数和乘数的模糊中间数 a（即与相乘的两个数的中间数最接近并且有利于计算的整数）。

（2）分别确定被乘数和乘数与中间数之间的差 b 和 c。

（3）用公式 $(a+b) \times (a+c) = a^2 + a \times (b+c) + b \times c$ 进行计算。

例子：

（1）计算 $47 \times 38 = $ _____。

解：

首先找出它们的模糊中间数为 40（与中间数最相近，并容易计算

的整数)。另外,分别计算出被乘数和乘数与中间数之间的差为 7 和 -2。因此

$$47 \times 38 = (40 + 7) \times (40 - 2)$$
$$= 40^2 + 40 \times (7 - 2) - 7 \times 2$$
$$= 1600 + 200 - 14$$
$$= 1786$$

所以　　　　　$47 \times 38 = 1786$

(2) 计算 $72 \times 48 = $ _____。

解:

首先找出它们的模糊中间数为 50。另外,分别计算出被乘数和乘数与中间数之间的差为 22 和 -2。因此

$$72 \times 48 = (50 + 22) \times (50 - 2)$$
$$= 50^2 + 50 \times (22 - 2) - 22 \times 2$$
$$= 2500 + 1000 - 44$$
$$= 3456$$

所以　　　　　$72 \times 48 = 3456$

(3) 计算 $112 \times 98 = $ _____。

解:

首先找出它们的模糊中间数为 100。另外,分别计算出被乘数和乘数与中间数之间的差为 12 和 -2。因此

$$112 \times 98 = (100 + 12) \times (100 - 2)$$
$$= 100^2 + 100 \times (12 - 2) - 12 \times 2$$
$$= 10000 + 1000 - 24$$
$$= 10976$$

所以　　　　　$112 \times 98 = 10976$

练习:

(1) 计算 $73 \times 68 = $ _____。

（2）计算 $58\times65=$ _____。

（3）计算 $111\times97=$ _____。

5. 用较小数的平方算乘法

有的时候，还可以用较小的那个乘数作为所谓的"中间数"来进行计算，这样会更简单。

方法：

（1）将被乘数和乘数中较大的数用较小的数加上两者之差的形式表示出来。

（2）用公式 $a\times b=(b+c)\times b=b^2+b\times c$ 进行计算。

例子：

（1）计算 $48\times45=$ _____。

解：

$$48\times45=(45+3)\times45$$
$$=45^2+3\times45$$
$$=2025+135$$
$$=2160$$

所以　　　　　　$48\times45=2160$

（2）计算 $72\times68=$ _____。

解：

$$72\times68=(68+4)\times68$$

$$= 68^2 + 4 \times 68$$
$$= 4624 + 272$$
$$= 4896$$

所以　　　　　　　$72 \times 68 = 4896$

（3）计算 $111 \times 105 =$ _____。

解：

$$111 \times 105 = (105 + 6) \times 105$$
$$= 105^2 + 6 \times 105$$
$$= 11025 + 630$$
$$= 11655$$

所以　　　　　　　$111 \times 105 = 11655$

练习：

（1）计算 $79 \times 68 =$ _____。

（2）计算 $98 \times 88 =$ _____。

（3）计算 $127 \times 125 =$ _____。

6. 用因式分解求两位数的平方

方法：

（1）把 a^2 写成 $a^2-b^2+b^2$ 的形式（其中 b 为 a 的个位数或者向上取整的补数）。

（2）分别算出 $a^2-b^2=(a+b)(a-b)$ 和 b^2 的值，相加即可。

例子：

（1）计算 $13^2 = $_____。

解：

$$13^2 = (13+3)(13-3)+3^2$$
$$= 160+9$$
$$= 169$$

所以 $\qquad 13^2 = 169$

（2）计算 $62^2 = $_____。

解：

$$62^2 = (62+2)(62-2)+2^2$$
$$= 3840+4$$
$$= 3844$$

所以 $\qquad 62^2 = 3844$

（3）计算 $57^2 = $_____。

解：

$$57^2 = (57+7)(57-7)+7^2$$
$$= 3200+49$$
$$= 3249$$

或者

$$57^2 = (57+3)(57-3)+3^2$$
$$= 3240+9$$
$$= 3249$$

所以 $\qquad 57^2 = 3249$

练习：

（1）计算 $29^2 = $ _____。

（2）计算 $57^2 = $ _____。

（3）计算 $93^2 = $ _____。

7. 扩展：用因式分解求三位数的平方

方法：

（1）把 a^2 写成 $a^2 - b^2 + b^2$ 的形式（其中 b 为 a 的个位数和十位数或者向上取整的补数）。

（2）分别算出 $a^2 - b^2 = (a+b)(a-b)$ 和 b^2 的值，相加即可。

例子：

（1）计算 $103^2 = $ _____。

解：

$$103^2 = (103 + 3)(103 - 3) + 3^2$$
$$= 10600 + 9$$
$$= 10609$$

所以 $103^2 = 10609$

(2) 计算 $612^2 =$ _____。

解：

$$612^2 = (612 + 12)(612 - 12) + 12^2$$
$$= 374400 + 144$$
$$= 374544$$

所以 $612^2 = 374544$

(3) 计算 $597^2 =$ _____。

解：

$$597^2 = (597 + 3)(597 - 3) + 3^2$$
$$= 356400 + 9$$
$$= 356409$$

所以 $597^2 = 356409$

注意：此方法适用于所有三位数，但为了计算方便，这个方法更适用于接近整百的数。

练习：

(1) 计算 $204^2 =$ _____。

(2) 计算 $297^2 =$ _____。

（3）计算 $913^2 = $ _____ 。

8. 任意两位数的立方

方法：

（1）把要计算立方的这个两位数用 ab 表示。其中 a 为十位上的数字，b 为个位上的数字。

（2）分别计算出 a^3、a^2b、ab^2、b^3 的值，写在第一排。

（3）将上一排中间的两个数 a^2b、ab^2 分别乘以 2，写在第二排对应的 a^2b、ab^2 下面。

（4）将上面两排数字分别相加，所得结果即为答案各个数位上的数字（每个数字都应为 1 位数，如超过 1 位，则注意进位）。

例子：

（1）计算 $12^3 = $ _____ 。

解：

$$a = 1, \quad b = 2$$

$$a^3 = 1, \quad a^2b = 2, \quad ab^2 = 4, \quad b^3 = 8$$

$$
\begin{array}{cccc}
1 & 2 & 4 & 8 \\
& 4 & 8 & \\
\hline
1 & 6 & 12 & 8
\end{array}
$$

进位　　　　　1　7　2　8

所以，$12^3 = 1728$。

（2）计算 $26^3 = $ _____ 。

解：

$$a = 2, \quad b = 6$$

$$a^3 = 8, \quad a^2b = 24, \quad ab^2 = 72, \quad b^3 = 216$$

$$
\begin{array}{cccc}
8 & 24 & 72 & 216 \\
 & 48 & 144 & \\
\hline
8 & 72 & 216 & 216
\end{array}
$$

从右向左逐级进位　　　1　7　5　7　6

所以，$26^3 = 17576$。

（3）计算 $21^3 =$ _____。

解：

$$a = 2, \quad b = 1$$

$$a^3 = 8, \quad a^2 b = 4, \quad ab^2 = 2, \quad b^3 = 1$$

$$
\begin{array}{cccc}
8 & 4 & 2 & 1 \\
 & 8 & 4 & \\
\hline
8 & 12 & 6 & 1
\end{array}
$$

进位　　　　　　9　2　6　1

所以，$21^3 = 9261$。

练习：

（1）计算 $31^3 =$ _____。

（2）计算 $24^3 =$ _____。

（3）计算 $76^3 =$ _____。

9. 用因式分解求两位数的立方

方法：

（1）把 a^3 写成 $a^3 - ab^2 + ab^2$ 的形式（其中 b 为 a 的个位数或者向上取整的补数）。

（2）因为 $a^3 - ab^2 = a(a+b)(a-b)$，所以分别算出 $a(a+b)(a-b)$ 和 ab^2 的值，相加即可。

例子：

（1）计算 $13^3 = $ _____ 。

解：

$$13^3 = 13 \times (13+3) \times (13-3) + 13 \times 3^2$$
$$= 13 \times 16 \times 10 + 13 \times 9$$
$$= 2080 + 117$$
$$= 2197$$

所以 $\qquad\qquad 13^3 = 2197$

（2）计算 $62^3 = $ _____ 。

解：

$$62^3 = 62 \times (62+2) \times (62-2) + 62 \times 2^2$$
$$= 62 \times 64 \times 60 + 62 \times 4$$
$$= 238080 + 248$$
$$= 238328$$

所以 $\qquad\qquad 62^3 = 238328$

（3）计算 $27^3 = $ _____ 。

解：

$$27^3 = 27 \times (27+3) \times (27-3) + 27 \times 3^2$$
$$= 27 \times 30 \times 24 + 27 \times 9$$
$$= 19440 + 243$$
$$= 19683$$

所以 $\qquad\qquad 27^3 = 19683$

练习：

（1）计算 $29^3 =$ _____。

（2）计算 $57^3 =$ _____。

（3）计算 $93^3 =$ _____。

10. 求完全平方数的平方根

前面介绍了完全平方数的性质和判断方法，除此之外，要找出一个完全平方数的平方根，还要弄清以下两个问题：

（1）如果一个完全平方数的位数为 n，那么，它的平方根的位数为 $n/2$ 或 $(n+1)/2$。

（2）记住表 1-1 中的对应数。只有了解这些对应数，才能找到平方根。

表　1-1

数　字	对　应　数	数　字	对　应　数
a	a^2	$abcd$	$2ad+abc$
ab	$2ab$	$abcde$	$2ae+2bd+c^2$
abc	$2ac+b^2$	$abcdef$	$2af+2be+2cd$

方法：

（1）先根据被开方数的位数计算出结果的位数。

（2）将被开方数的各位数字分成若干组（如果位数为奇数，则每个数字各成一组；如位数为偶数，则前两位为一组，其余数字各成一组）。

（3）看第一组数字最接近哪个数的平方，找出答案的第一位数（答案第一位数的平方一定不要大于第一组数字）。

（4）将第一组数字减去答案第一位数字的平方所得的差，与第二组数字组成的数字作为被除数，答案的第一位数字的 2 倍作为除数，所得的商为答案的第二位数字，余数则与下一组数字作为下一步计算之用（如果被开方数的位数不超过 4 位，到这一步即可结束）。

（5）将上一步所得的数字减去答案第二位数字的对应数（如果结果为负数，则将上一步中得到的商的第二位数字减 1 重新计算），所得的差作为被除数，依然以答案的第一位数字的 2 倍作为除数，商即为答案的第三位数字（如果被开方数为 5 位或 6 位，则会用到此步。7 位以上过于复杂我们暂且忽略）。

例子：

（1）计算 2116 的平方根。

解：

因为被开方数的位数为 4 位，根据前面的公式，平方根的位数应该为

$$4 \div 2 = 2$$

因为位数为 4，是偶数，所以前两位分为一组，其余数字各成一组。

分组得： 21　　1　　6

找出答案的第一位数字，即 $4^2 = 16$，最接近 21，所以答案的第一位数字为 4。

将 4 写在与 21 对应的下面，$21 - 4^2 = 5$，写在 21 的右下方，与第二组数字 1 构成被除数 51。$4 \times 2 = 8$ 为除数写在最左侧。得到如图 1-1 所示。

$51 \div 8 = 6$ 余 3，把 6 写在第二组数字 1 下面对应的位置，作为第二位的数字。余数 3 写在第二组数字 1 的右下方，而 $36 - 6^2 = 0$。计算过程如图 1-2 所示。

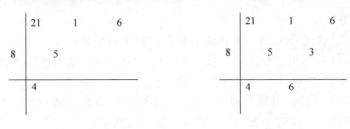

图　1-1　　　　　　　　　图　1-2

这样就得到了答案,即 2116 的平方根为 46。

(2)计算 9604 的平方根。

解:

因为被开方数为 4 位,根据前面的公式,平方根的位数应该为:

$$4 \div 2 = 2 \text{ 位}$$

因为位数为 4,是偶数,所以前两位分为一组,其余数字各成一组,分组得:

$$96 \quad 0 \quad 4$$

找出答案的第一位数字,即 $9^2 = 81$ 最接近 96,所以答案的第一位数字为 9。

将 9 写在与 96 对应的下面。$96 - 9^2 = 15$,将 15 写在 96 的右下方,与第二组数字 0 构成被除数 150。$9 \times 2 = 18$ 为除数写在最左侧。得到图 1-3。

$150 \div 18 = 8$ 余 6,把 8 写在第二组数字 0 下面对应的位置,作为第二位的数字。余数 6 写在第二组数字 0 的右下方,而 $64 - 8^2 = 0$。计算过程见图 1-4。

	96	0	4
18	15		
	9		

图　1-3

	96	0	4
18	15	6	
	9	8	

图　1-4

这样就得到了答案,即 9604 的平方根为 98。

（3）计算 18496 的平方根。

解：

因为被开方数为 5 位,根据前面的公式,平方根的位数应该为：

$$（5＋1）÷2＝3 位$$

因为位数为 5,是奇数,所以每个数字各成一组,分组得：

1　8　4　9　6

找出答案的第一位数字,即 $1^2＝1$ 最接近 1,所以答案的第一位数字为 1。

将 1 写在与第一组数字 1 对应的下面。$1－1^2＝0$,将 0 写在 1 的右下方,与第二组数字 8 构成被除数 8。$1×2＝2$ 为除数写在最左侧。得到图 1-5。

$8÷2＝4$ 余 0,把 4 写在第二组数字 8 下面对应的位置,作为第二位的数字。余数 0 写在第二组数字 8 的右下方。计算过程见图 1-6。

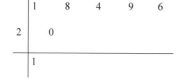

	1	8	4	9	6
2		0			
	1				

图　1-5

	1	8	4	9	6
2		0	0		
	1	4			

图　1-6

因为答案第二位的对应数为 $4^2＝16$,$4－16$ 为负数,所以将上一步得到的答案第二位改为 3。变为图 1-7。

减去对应数后,$24－3^2＝15$,15 除以除数 2 等于 7。计算过程见图 1-8。

	1	8	4	9	6
2		0		2	
	1	3			

图　1-7

	1	8	4	9	6
2		0		2	1
	1	3	7		

图　1-8

此时发现 19 减去 37 的对应数依然是负数,所以将上一位的 7 改为 6。此时减去对应数后才不是负数。见图 1-9。

这样就得到了答案,即 18496 的平方根为 136。

(4) 计算 729316 的平方根。

解:因为被开方数为 6 位,根据前面的公式平方根的位数应该为:

$$6÷2＝3 位$$

因为位数为 6,是偶数,所以前两位为一组,其余数字各成一组。分组得:

$$72 \quad 9 \quad 3 \quad 1 \quad 6$$

找出答案的第一位数字 $8^2＝64$ 最接近 72,所以答案的第一位数字为 8。

将 8 写在与第一组数字 72 对应的下面,$72－8^2＝8$,将 8 写在 72 的右下方,与第二组数字 9 构成被除数 89。$8×2＝16$ 为除数写在最左侧。得到图 1-10。

1	8	4	9	6
2	0	2	3	
	1	3	6	

图 1-9

72	9	3	1	6
16	8			
8				

图 1-10

$89÷16＝5$ 余 9,把 5 写在第二组数字 9 下面对应的位置,作为第二位的数字。余数 9 写在第二组数字 9 的右下方。见图 1-11。

减去对应数后,$93－5^2＝68$,68 除以除数 16 等于 4 余 4。见图 1-12。

72	9	3	1	6
16	8	9		
8	5			

图 1-11

72	9	3	1	6
16	8	9	4	
8	5	4		

图 1-12

41 减去 54 的对应数为 1,为正数,所以就得到了答案,即 729316 的平方根为 854。

练习:

(1) 计算 9604 的平方根。

(2) 计算 3025 的平方根。

(3) 计算 39601 的平方根。

11. 求完全立方数的立方根

相对来说,完全立方数的立方根计算起来要比完全平方数的平方根简单得多。但是,首先还是要先了解一下计算立方根的背景资料。内容如下:

$$1^3 = 1 \quad 2^3 = 8 \quad 3^3 = 27$$

$$4^3 = 64 \quad 5^3 = 125 \quad 6^3 = 216$$

$$7^3 = 343 \quad 8^3 = 512 \quad 9^3 = 729$$

$$10^3 = 1000 \quad \cdots$$

　　观察这些完全立方数,你会发现一个很有意思的特点:2 的立方尾数为 8,而 8 的立方尾数为 2;3 的立方尾数为 7,而 7 的立方尾数为 3;1、4、5、6、9 的立方的尾数依然是 1、4、5、6、9;10 的立方尾数有3 个 0。记住这些规律对我们求解一个完全立方数的立方根是大有好处的。

　　方法:

　　(1) 将立方数排列成一横排,从最右边开始,每三位数加一个逗号。这样一个完全立方数就被逗号分成了若干个组。

　　(2) 看最右边一组的尾数是多少,从而确定立方根的最后一位数。

　　(3) 看最左边一组,看它最接近哪个数的立方(这个数的立方不能大于这组数),从而确定立方根的第一位数。

　　(4) 这个方法对于位数不多的求立方根的完全立方数比较适用。

　　例子:

　　(1) 求 9261 的立方根。

　　解:

$$9,\quad 261$$
$$2\quad\quad 1$$

　　先看后三位数,尾数为 1,所以立方根的尾数也为 1。再看逗号前面为 9,而 $2^3 = 8$,所以立方根的第一位是 2。所以 9261 的立方根为 21。

　　(2) 求 778688 的立方根。

　　解:

$$778,\quad 688$$
$$9\quad\quad 2$$

　　先看后三位数,尾数为 8,所以立方根的尾数为 2。再看逗号前面为 778,而 $9^3 = 721$,所以立方根的第一位是 9。所以 778688 的立方根为 92。

（3）求 17576 的立方根。

解：

$$17,\quad 576$$
$$2\qquad 6$$

先看后三位数，尾数为 6，所以立方根的尾数为 6。再看逗号前面为 17，而 $2^3=8$，$3^3=27$ 就大于 17 了，所以立方根的第一位是 2。所以 17576 的立方根为 26。

练习：

（1）计算 1331 的立方根。

（2）计算 3375 的立方根。

（3）计算 13824 的立方根。

五、十字相乘法

十字相乘法又叫十字分解法。简单来讲就是：十字左边相乘等于二次项系数，右边相乘等于常数项，交叉相乘再相加等于一次项。

其实就是运用乘法公式$(x+a)(x+b)=x^2+(a+b)x+ab$的逆运算来进行因式分解。

十字分解法能用于二次三项式的分解因式(不一定是整数范围内)。对于像$ax^2+bx+c=(a_1x+c_1)(a_2x+c_2)$这样的整式来说,这个方法的关键是把二次项系数$a$分解成两个因数$a_1$、$a_2$的积$a_1 \cdot a_2$,把常数项$c$分解成两个因数$c_1$、$c_2$的积$c_1 \cdot c_2$,并使$a_1c_2+a_2c_1$正好等于一次项的系数$b$。那么可以直接写成结果:$ax^2+bx+c=(a_1x+c_1)(a_2x+c_2)$。

在运用这种方法分解因式时,要注意观察、尝试,并体会,它的实质是二项式乘法的逆过程。当首项系数不是1时,往往需要多次试验,务必注意各项系数的符号。

基本式子:
$$x^2+(p+q)x+pq=(x+p)(x+q)$$

例如,把$2x^2-7x+3$分解因式。可以先分解二次项系数,分别写在十字交叉线的左上角和左下角,再分解常数项,分别写在十字交叉线的右上角和右下角,然后交叉相乘,求代数和,使其等于一次项系数。

分解二次项系数,只取正因数,因为取负因数的结果与正因数结果相同。
$$2=1\times2=2\times1$$

分解常数项:
$$3=1\times3=3\times1=(-3)\times(-1)=(-1)\times(-3)$$

用画十字交叉线的方法来表示这四种情况:

1　3

$\times$

2　1

$1\times1+2\times3=7\neq-7$

1　1

$\times$

2　3

$$1 \times 3 + 2 \times 1 = 5 \neq -7$$

$$\begin{array}{cc} 1 & -1 \\ & \times \\ 2 & -3 \end{array}$$

$$1 \times (-3) + 2 \times (-1) = -5 \neq -7$$

$$\begin{array}{cc} 1 & -3 \\ & \times \\ 2 & -1 \end{array}$$

$$1 \times (-1) + 2 \times (-3) = -7$$

经过观察，第四种情况是正确的，这是因为交叉相乘后，两项代数和恰等于一次项系数 -7。

所以，$2x^2 - 7x + 3 = (x - 3)(2x - 1)$。

通常地，对于二次三项式 $ax^2 + bx + c (a \neq 0)$，如果二次项系数 a 可以分解成两个因数之积，即 $a = a_1 a_2$，常数项 c 可以分解成两个因数之积，即 $c = c_1 c_2$，把 a_1、a_2、c_1、c_2 排列如下：

$$\begin{array}{cc} a_1 & c_1 \\ & \times \\ a_2 & c_2 \end{array}$$

按斜线交叉相乘，再相加，得到 $a_1 c_2 + a_2 c_1$，若它正好等于二次三项式 $ax^2 + bx + c$ 的一次项系数 b，即 $a_1 c_2 + a_2 c_1 = b$，那么二次三项式就可以分解为两个因式 $a_1 x + c_1$ 与 $a_2 x + c_2$ 之积，即：

$$ax^2 + bx + c = (a_1 x + c_1)(a_2 x + c_2)$$

像这种借助画十字交叉线分解系数，从而帮助我们把二次三项式分解因式的方法，通常叫作十字分解法。

1. 用十字相乘法做两位数乘法

方法：

（1）用被乘数和乘数的个位上的数字相乘，所得结果的个位数写在答案的最后一位，十位数作为进位保留。

（2）交叉相乘，将被乘数个位上的数字与乘数十位上的数字相乘，被乘数十位上的数字与乘数个位上的数字相乘，求和后加上上一步中的进位，把结果的个位写在答案的十位数字上，十位上的数字作为进位保留。

（3）用被乘数和乘数的十位上的数字相乘，加上第 2 步的进位，写在前两步所得的结果前面即可。

推导：

我们假设两个数字分别为 ab 和 xy，用竖式进行计算，得到：

$$
\begin{array}{ccc}
 & a & b \\
 & x & y \\
\hline
 & ay & by \\
ax & bx & \\
\hline
ax/ & (ay+bx)/ & by
\end{array}
$$

我们可以把这个结果当成一个二位数相乘的公式，这种方法将在你以后的学习中经常用到。见图 1-13。

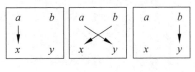

图　1-13

例子：

（1）计算 $98 \times 24 =$ _____。

解：

$$
\begin{array}{cccc}
 & & 9 & 8 \\
 & & 2 & 4 \\
\hline
18 & / & 36+16 & / & 32
\end{array}
$$

上行部分项累加后：　18　/　52　/　32

进位：　　　　　　　　　进 5　　　进 3

结果为 2352。

所以　　　　　　　$98 \times 24 = 2352$

（2）计算 $35 \times 28 =$ _____。

解：

$$
\begin{array}{ccc}
 & 3 & 5 \\
 & 2 & 8 \\
\hline
6 \quad / \quad 24+10 & / & 40
\end{array}
$$

上行部分项累加后：6　/　34　　　/　40

进位：　　　　　　进 3　　　进 4

结果为 980。

所以　　　　　　　$35 \times 28 = 980$

（3）计算 $93 \times 57 =$ _____。

解：

$$
\begin{array}{ccc}
 & 9 & 3 \\
 & 5 & 7 \\
\hline
45 \quad / \quad 63+15 & / & 21
\end{array}
$$

上行部分项累加后：45　/　78　　　/　21

进位：　　　　　　进 8　　　进 2

结果为 5301。

所以　　　　　　　$93 \times 57 = 5301$

练习：

（1）计算 $65 \times 88 =$ _____。

（2）计算 $35 \times 69 =$ _____。

（3）计算 $65 \times 85 =$ _____。

2. 三位数与两位数相乘

三位数与两位数相乘也可以用交叉计算法，只是比两位数相乘复杂一些而已。

方法：

（1）用三位数和两位数的个位上的数字相乘，所得结果的个位数写在答案的最后一位，十位数作为进位保留。

（2）交叉相乘1，将三位数个位上的数字与两位数十位上的数字相乘，三位数十位上的数字与两位数个位上的数字相乘，求和后加上上一步中的进位，把结果的个位写在答案的十位数字位置上，十位上的数字作为进位保留。

（3）交叉相乘2，将三位数十位上的数字与两位数十位上的数字相乘，三位数百位上的数字与两位数个位上的数字相乘，求和后加上上一步中的进位，把结果的个位写在答案的百位数字位置上，十位上的数字作为进位保留。

（4）用三位数百位上的数字和两位数的十位上的数字相乘，加上上一步的进位，写在前三步所得的结果前面，即可。

推导：

我们假设两个数字分别为 abc 和 xy，用竖式进行计算，得到：

$$
\begin{array}{cccc}
a & & b & c \\
 & & x & y \\
\hline
 & ay & by & cy \\
ax & bx & cx & \\
\hline
ax/ & (ay+bx)/ & (by+cx)/ & cy
\end{array}
$$

我们来对比一下,这个结果与两位数的交叉相乘有什么区别,你会发现它们的原理是一样的,只是多了一次交叉计算而已。见图 1-14。

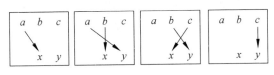

图　1-14

例子:

(1) 计算 $298 \times 24 =$ _____。

解:

	2		9		8
			2		4
4	/	18＋8	/	36＋16	/	32

上行部分项累加后:4　/　26　/　52　/　32

进位:　　　　　进3　　　进5　　　进3

结果为 7152。

所以　　　　　　$298 \times 24 = 7152$

(2) 计算 $123 \times 36 =$ _____。

解:

	1		2		3
			3		6
3	/	6＋6	/	9＋12	/	18

上行部分项累加后:3　/　12　/　21　/　18

进位:　　　　　进1　　　进2　　　进1

结果为 4428。

所以　　　　　　$123 \times 36 = 4428$

(3) 计算 $548 \times 36 =$ _____。

解:

	5		4		8
			3		6

| 15 | / | 30＋12 | / | 24＋24 | / | 48 |

上行部分项累加后：15 / 42 / 48 / 48

进位： 进 4 进 5 进 4

结果为 19728。

所以 $548 \times 36 = 19728$

练习：

（1）计算 $327 \times 35 =$ ＿＿＿＿＿。

（2）计算 $633 \times 57 =$ ＿＿＿＿＿。

（3）计算 $956 \times 31 =$ ＿＿＿＿＿。

3. 四位数与两位数相乘

学会了两位数、三位数与两位数相乘,那么四位数与两位数相乘相信也难不倒你了吧。它依然可以用交叉计算法,只是比三位数再复杂一些而已。

方法：

（1）用四位数和两位数的个位上的数字相乘,所得结果的个位数写在答案的最后一位,十位数作为进位保留。

（2）交叉相乘 1,将四位数个位上的数字与两位数十位上的数字相乘,四位数十位上的数字与两位数个位上的数字相乘,求和后加上上一步中的进位,把结果的个位写在答案的十位数字位置上,十位上的数字作为进位保留。

(3)交叉相乘2,将四位数十位上的数字与两位数十位上的数字相乘,四位数百位上的数字与两位数个位上的数字相乘,求和后加上上一步中的进位,把结果的个位写在答案的百位数字位置上,十位上的数字作为进位保留。

(4)交叉相乘3,将四位数百位上的数字与两位数十位上的数字相乘,四位数千位上的数字与两位数个位上的数字相乘,求和后加上上一步中的进位,把结果的个位写在答案的千位数字位置上,十位上的数字作为进位保留。

(5)用四位数千位上的数字和两位数的十位上的数字相乘,加上上一步的进位,写在前三步所得的结果前面,即可。

推导:

我们假设两个数字分别为 $abcd$ 和 xy,用竖式进行计算,得到:

$$
\begin{array}{ccccc}
 & a & b & c & d \\
 & & & x & y \\
\hline
 & ay & by & cy & dy \\
ax & bx & cx & dx & \\
\hline
ax \; / \; (ay+bx) \; / \; (by+cx) \; / \; (cy+dx) \; / \; dy
\end{array}
$$

我们来对比一下,这个结果和三位数与两位数的交叉相乘有什么区别,你会发现它们的原理是一样的,只是又多了一次交叉计算而已。见图 1-16。

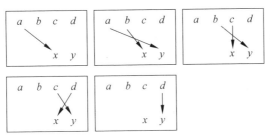

图 1-16

例子：

（1）计算 1298×24＝_____。

解：

	1		2		9		8
					2		4

	2	/	4＋4	/	18＋8	/	36＋16	/	32

累加： 2 / 8 / 26 / 52 / 32

进位： 进1 进3 进5 进3

结果为 31152。

所以　　　　1298×24＝31152

（2）计算 2368×19＝_____。

解：

	2		3		6		8
					1		9

	2	/	18＋3	/	27＋6	/	8＋54	/	72

累加： 2 / 21 / 33 / 62 / 72

进位： 进2 进3 进6 进7

结果为 44992。

所以　　　　2368×19＝44992

（3）计算 9548×73＝_____。

解：

	9		5		4		8
					7		3

63	/	35＋27	/	28＋15	/	56＋12	/	24

累加： 63 / 62 / 43 / 68 / 24

进位： 进6 进5 进7 进2

结果为 697004。

所以　　　　9548×73＝697004

扩展阅读

类似的,你还可以用这种方法计算五位数、六位数、七位数……与两位数相乘,只是每多一位数需要多一次交叉计算而已。

练习:

(1) 计算 $1524 \times 35 =$ _____。

(2) 计算 $2648 \times 34 =$ _____。

(3) 计算 $1982 \times 28 =$ _____。

4. 三位数乘以三位数

方法:

(1) 用被乘数和乘数的个位上的数字相乘,所得结果的个位数写在答案的最后一位,十位数作为进位保留。

(2) 交叉相乘1,将被乘数个位上的数字与乘数十位上的数字相乘,被乘数十位上的数字与乘数个位上的数字相乘,求和后加上上一步中的进位,把结果的个位写在答案的十位数字位置上,十位上的数字作为进位保留。

(3) 交叉相乘 2,将被乘数百位上的数字与乘数个位上的数字相乘,被乘数十位上的数字与乘数十位上的数字相乘,被乘数个位上的数字与乘数百位上的数字相乘,求和后加上上一步中的进位,把结果的个位写在答案的百位数字位置上,十位上的数字作为进位保留。

(4) 交叉相乘 3,将被乘数百位上的数字与乘数十位上的数字相乘,被乘数十位上的数字与乘数百位上的数字相乘,求和后加上上一步中的进位,把结果的个位写在答案的千位数字位置上,十位上的数字作为进位保留。

(5) 用被乘数百位上的数字和乘数百位上的数字相乘,加上上一步的进位,写在前三步所得的结果前面,即可。

推导:

我们假设两个数字分别为 abc 和 xyz,用竖式进行计算,得到:

$$
\begin{array}{ccc}
 & a & b & c \\
 & x & y & z \\
\hline
 & az & bz & cz \\
 ay & by & cy \\
ax \quad bx & cx \\
\end{array}
$$

$ax\ /\ (ay+bx)\ /\ (az+by+cx)\ /\ (bz+cy)\ /\ cz$

见图 1-15。

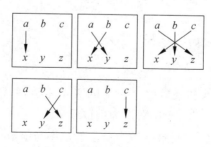

图 1-15

例子：

（1）计算 298×324＝_____。

解：

2		9		8
3		2		4

6	/	4＋27	/	24＋18＋8	/	36＋16	/	32

累加： 6 / 31 / 50 / 52 / 32

进位：   进3   进5   进5   进3

结果为 96552。

所以   298×324＝96552

（2）计算 135×246＝_____。

解：

1		3		5
2		4		6

2	/	4＋6	/	6＋12＋10	/	18＋20	/	30

累加： 2 / 10 / 28 / 38 / 30

进位：   进1   进3   进4   进3

结果为 33210。

所以   135×246＝33210

（3）计算 568×167＝_____。

解：

5		6		8
1		6		7

5	/	6＋30	/	35＋36＋8	/	42＋48	/	56

累加： 5 / 36 / 79 / 90 / 56

进位：   进4   进8   进9   进5

结果为 94856。

所以   568×167＝94856

练习：

（1）计算 265×135＝＿＿＿＿＿。

（2）计算 563×498＝＿＿＿＿＿。

（3）计算 359×468＝＿＿＿＿＿。

5．四位数乘以三位数

方法：

（1）用四位数和三位数的个位上的数字相乘，所得结果的个位数写在答案的最后一位，十位数作为进位保留。

（2）交叉相乘 1，将四位数个位上的数字与三位数十位上的数字相乘，四位数十位上的数字与三位数个位上的数字相乘，求和后加上上一步中的进位，把结果的个位写在答案的十位数字位置上，十位上的数字作为进位保留。

（3）交叉相乘 2，将四位数百位上的数字与三位数个位上的数字相乘，四位数十位上的数字与三位数十位上的数字相乘，四位数个位上的数字与三位数百位上的数字相乘,求和后加上上一步中的进位,把结果的个位写在答案的百位数字位置上,十位上的数字作为进位保留。

(4)交叉相乘 3,将四位数千位上的数字与三位数个位上的数字相乘,四位数百位上的数字与三位数十位上的数字相乘,四位数十位上的数字与三位数百位上的数字相乘,求和后加上上一步中的进位,把结果的个位写在答案的千位数字位置上,十位上的数字作为进位保留。

(5)交叉相乘 4,将四位数千位上的数字与三位数十位上的数字相乘,四位数百位上的数字与三位数百位上的数字相乘,求和后加上上一步中的进位,把结果的个位写在答案的万位数字位置上,十位上的数字作为进位保留。

(6)用四位数千位上的数字和三位数百位上的数字相乘,加上上一步的进位,写在前三步所得的结果前面,即可。

推导:

我们假设两个数字分别为 $abcd$ 和 xyz,用竖式进行计算,得到:

			a	b	c	d
				x		y	z
			az	bz	cz	dz
		ay	by	cy	dy	
ax	bx	cx	dx			

$ax/\ (ay+bx)/\ (az+by+cx)/\ (bz+cy+dx)/\ (cz+dy)/\ dz$

见图 1-17。

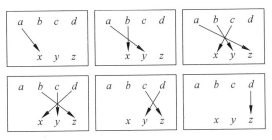

图 1-17

例子：

（1）计算 1298×324＝_____。

解：

1	2	9	8
	3	2	4

3 ／ 6＋2 ／ 4＋4＋27 ／ 24＋18＋8 ／ 36＋16 ／ 32

累加：3 ／ 8 ／ 35 ／ 50 ／ 52 ／ 32

进位： 进1 进4 进5 进5 进3

结果为 420552。

所以　　　　　1298×324＝420552

（2）计算 1234×246＝_____。

解：

1	2	3	4
	2	4	6

2 ／ 4＋4 ／ 6＋8＋6 ／ 12＋12＋8 ／ 18＋16 ／ 24

累加：2 ／ 8 ／ 20 ／ 32 ／ 34 ／ 24

进位： 进1 进2 进3 进3 进2

结果为 303564。

所以　　　　　1234×246＝303564

（3）计算 5927×652＝_____。

解：

5	9	2	7
	6	5	2

30 ／ 25＋54 ／ 10＋45＋12 ／ 18＋10＋42 ／ 4＋35 ／ 14

30 ／ 79 ／ 67 ／ 70 ／ 39 ／ 14

进位： 进8 进7 进7 进4 进1

结果为 3864404。

所以　　　　　5927×652＝3864404

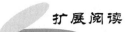

类似的,你还可以用这种方法计算五位数、六位数、七位数……与三位数相乘,只是每多一位数需要多一次交叉计算。

练习:

(1) 计算 $3824 \times 315 =$ _____。

(2) 计算 $3515 \times 168 =$ _____。

(3) 计算 $3335 \times 624 =$ _____。

6. 二元一次方程的解法

我们都学习过二元一次方程组,一般的解法是消去某个未知数,然后代入求解。例如下面的问题:

$$\begin{cases} 2x + y = 5 & ① \\ x + 2y = 4 & ② \end{cases}$$

我们一般的解法是把①式写成 $y=5-2x$ 的形式,代入到②式中,消去 y,解出 x,然后代入解出 y。或者将①式等号两边同时乘以 2,变成 $4x+2y=10$,与②式相减,消去 y,解出 x,然后代入解出 y。

这两种方法在 x、y 的系数比较小的时候用起来比较方便,一旦系数变大,计算起来就会复杂很多。下面介绍一种更简单的方法。

方法:

(1) 将方程组写成 $\begin{cases} ax+by=c \\ dx+ey=f \end{cases}$ 的形式。

(2) 将两个式子中 x、y 的系数交叉相乘,并相减,所得的数作为分母。

(3) 将两个式子中 x 的系数(一般为常数)交叉相乘,并相减,所得的数作为 y 的分子。

(4) 将两个式子中常数和 y 的系数交叉相乘,并相减,所得的数作为 x 的分母。

(5) 即 $x=(ce-fb)/(ae-db)$;$y=(af-dc)/(ae-db)$。

例子:

(1)
$$\begin{cases} 3x+y=10 \\ x+2y=10 \end{cases}$$

解:首先计算出 x、y 的系数交叉相乘的差,即 $3\times2-1\times1=5$。

再计算出 x 的系数与常数交叉相乘的差,即 $3\times10-1\times10=20$。

最后计算出常数与 y 的系数交叉相乘的差,即 $10\times2-10\times1=10$。

这样,$x=10/5=2$,$y=20/5=4$。

所以结果为: $\begin{cases} x=2 \\ y=4 \end{cases}$

(2)
$$\begin{cases} 2x+y=8 \\ 3x+2y=13 \end{cases}$$

解:

首先计算出 x、y 的系数交叉相乘的差,即 $2 \times 2 - 3 \times 1 = 1$。

再计算出 x 的系数与常数交叉相乘的差,即 $2 \times 13 - 3 \times 8 = 2$。

最后计算出常数与 y 的系数交叉相乘的差,即 $8 \times 2 - 13 \times 1 = 3$。

这样,$x = 3/1 = 3$,$y = 2/1 = 2$。

所以结果为:
$$\begin{cases} x = 3 \\ y = 2 \end{cases}$$

(3)
$$\begin{cases} 9x + y = -5 \\ 7x + 2y = 1 \end{cases}$$

解:

首先计算出 x、y 的系数交叉相乘的差,即 $9 \times 2 - 7 \times 1 = 11$。

再计算出 x 的系数与常数交叉相乘的差,即 $9 \times 1 - 7 \times (-5) = 44$。

最后计算出常数与 y 的系数交叉相乘的差,即 $(-5) \times 2 - 1 \times 1 = -11$。

这样,$x = -11/11 = -1$,$y = 44/11 = 4$。

所以结果为:
$$\begin{cases} x = -1 \\ y = 4 \end{cases}$$

练习:

(1)
$$\begin{cases} 3x + y = 14 \\ 5x + 2y = 25 \end{cases}$$

(2)
$$\begin{cases} 4x + y = 11 \\ 3x + 2y = 12 \end{cases}$$

(3)
$$\begin{cases} 2x + 7y = 23 \\ 5x + 3y = 14 \end{cases}$$

7. 同分子分数的加减法

方法:

(1) 分子相同,分母互质的两个分数相加(减)时,它们的结果是用原分母的积作分母,用原分母的和(或差)乘以这相同的分子所得的积作分子。

(2) 分子相同,分母不是互质数的两个分数相加减,也可按上述规律计算,只是最后需要注意把得数约分为最简分数。

例子:

(1) 计算 $\dfrac{2}{5}+\dfrac{2}{7}=$ _____。

解:

$$原式=\frac{(5+7)\times 2}{5\times 7}$$

$$=\frac{24}{35}$$

所以 $\qquad \dfrac{2}{5}+\dfrac{2}{7}=\dfrac{24}{35}$

(2) 计算 $\dfrac{6}{7}-\dfrac{6}{11}=$ _____。

解:

$$原式=\frac{(11-7)\times 6}{7\times 11}$$

$$=\frac{24}{77}$$

所以 $\qquad \dfrac{6}{7}-\dfrac{6}{11}=\dfrac{24}{77}$

(3) 计算 $\dfrac{5}{6}-\dfrac{5}{8}=$ _____。

解:

$$原式=\frac{(8-6)\times 5}{6\times 8}$$

$$= \frac{10}{48}$$

$$= \frac{5}{24}$$

所以　　　　　　$\frac{5}{6} - \frac{5}{8} = \frac{5}{24}$

注意：分数减法要用减数的原分母减去被减数的原分母。

练习：

（1）计算 $\frac{2}{7} + \frac{2}{9} = $ ＿＿＿＿＿＿。

（2）计算 $\frac{7}{9} - \frac{7}{15} = $ ＿＿＿＿＿＿。

（3）计算 $\frac{2}{5} + \frac{2}{7} - \left(\frac{6}{7} - \frac{6}{11} \right) = $ ＿＿＿＿＿＿。

六、拆分法

数的拆分是解决一些分段数学问题的有效方法，一般可以把一个数拆分成几个数的和或者积的形式。可以根据数字的性质，尤其是整除特性和尾数规律，运用我们学过的运算定律，有目的地对数字进行快速拆分，以达到比采用常规的列方程、十字交叉和代入排除等方法省时省力的目的。数的拆分和转化可以将数量的间接联系转化为直接联系，进而能够利用已知条件进行直接的比较和计算。

例如，计算：

$$10634 \times 4321 + 5317 \times 1358$$

此题如果直接乘之后相加，数字较大，而且非常容易出错。如果将 10634 变为 5317×2，规律就出现了。

$$
\begin{aligned}
10634 \times 4321 + 5317 \times 1358 &= 5317 \times 2 \times 4321 + 5317 \times 1358 \\
&= 5317 \times 8642 + 5317 \times 1358 \\
&= 5317 \times (8642 + 1358) \\
&= 5317 \times 10000 \\
&= 53170000
\end{aligned}
$$

提取公因式是运用拆分法的典型例子。提取公因式进行简化计算是一个最基本的四则运算方法，但一定要注意提取公因式时公因式的选择。

例如，计算：

$$999999 \times 777778 + 333333 \times 666666$$

方法一：

$$
\begin{aligned}
原式 &= 333333 \times 3 \times 777778 + 333333 \times 666666 \\
&= 333333 \times (3 \times 777778 + 666666) \\
&= 333333 \times (2333334 + 666666) \\
&= 333333 \times 3000000 \\
&= 999999000000
\end{aligned}
$$

方法二：

$$原式= 999999 \times 777778 + 333333 \times 3 \times 222222$$
$$= 999999 \times 777778 + 999999 \times 222222$$
$$= 999999 \times (777778 + 222222)$$
$$= 999999 \times 1000000$$
$$= 999999000000$$

方法一和方法二在公因式的选择上有所不同，导致计算的简便程度不相同。

1. 用拆分法算加法 1

我们在做加法的时候，一般都是从右往左计算，这样方便进位。而在印度，他们都是从左往右算的。因为我们写数字的时候是从左往右写的，所以从左往右算会大大提高计算速度。这也是印度人计算速度比我们快的主要原因。从左到右计算加法就需要对数字进行拆分。

方法：
我们以第二个加数为三位数为例说明。
（1）先用第一个加数加上第二个加数的整百数。
（2）用上一步的结果加上第二个加数的整十数。
（3）用上一步的结果加上第二个加数的个位数即可。

例子：
（1）计算 $48+21=$_____。
解：

$$48+20=68$$
$$68+1=69$$

所以　　　　　　　　　　$48+21=69$
（2）计算 $475+214=$_____。
解：

$$475 + 200 = 675$$
$$675 + 10 = 685$$

$$685 + 4 = 689$$

所以 $\qquad$ $475 + 214 = 689$

（3）计算 $756 + 829 =$ _____。

解：

$$756 + 800 = 1556$$
$$1556 + 20 = 1576$$
$$1576 + 9 = 1585$$

所以 $\qquad$ $756 + 829 = 1585$

注意：这种方法其实就是把第二个加数拆分成容易计算的数分别相加。

练习：

（1）计算 $489 + 223 =$ _____。

（2）计算 $1482 + 2211 =$ _____。

（3）计算 $1248 + 3221 =$ _____。

2. 用拆分法算加法 2

上面的方法中把一个加数进行了拆分,在本节中我们来学习如何把两个加数同时进行拆分。下面以三位数加法作为示例:如果两个加数都是三位数,那么可以把它们分别分解成百位、十位和个位三部分,然后分别进行计算,最后相加。

方法:

(1)把两个加数的百位数字相加。

(2)把两个加数的十位数字相加。

(3)把两个加数的个位数字相加。

(4)把前三步的结果相加,注意进位。

口诀:百加百,十加十,个加个。

例子:

(1)计算 328+321=_____。

解:

$$300+300=600$$
$$20+20=40$$
$$8+1=9$$
$$600+40+9=649$$

所以　　　　　　$328+321=649$

(2)计算 175+242=_____。

解:

$$100+200=300$$
$$70+40=110$$
$$5+2=7$$
$$300+110+7=417$$

所以　　　　　　$175+242=417$

(3)计算 538+289=_____。

解:

$$500+200=700$$

$$30 + 80 = 110$$
$$8 + 9 = 17$$
$$700 + 110 + 17 = 827$$

所以　　　　$538 + 289 = 827$

注意：这种方法还可以做多位数加多位数，而且并不一定需要两个加数的位数相同。

练习：

(1) 计算 $132 + 926 =$ _____。

(2) 计算 $4127 + 363 =$ _____。

(3) 计算 $55212 + 2129 =$ _____。

3. 用拆分法算减法

我们做减法的时候，也和做加法一样，一般都是从右往左计算，这样方便借位。而在印度，他们都是从左往右算的。同样，从左往右算减法也要用到拆分。

方法：

我们以减数为三位数为例说明。

(1) 先用被减数减去减数的整百数。

(2) 用上一步的结果减去减数的整十数。

(3) 用上一步的结果减去减数的个位数即可。

例子：

(1) 计算 $458-214=$ _____。

解：

$$458-200=258$$
$$258-10=248$$
$$248-4=244$$

所以　　　　　　$458-214=244$

(2) 计算 $88-21=$ _____。

解：

$$88-20=68$$
$$68-1=67$$

所以　　　　　　$88-21=67$

(3) 计算 $9125-1186=$ _____。

解：

$$9125-1000=8125$$
$$8125-100=8025$$
$$8025-80=7945$$
$$7945-6=7939$$

所以　　　　　　$9125-1186=7939$

注意：这种方法其实就是把减数分解成容易计算的数进行计算。

练习：

(1) 计算 $2648-214=$ _____。

（2）计算 5128－1154＝_____。

（3）计算 43958－12614＝_____。

4. 被减数为 100、1000、10000 的减法

方法：

（1）把被减数写成 $x+10$ 的形式。例如 100 写成 $90+10$，1000 写成 $990+10$，等等。

（2）用前面的数去减减数的十位以上数字，用 10 去减减数的个位数。可以避免借位。

例子：

（1）计算 $100-36=$_____。

解：

首先将被减数 100 写成 $90+10$。

$$9-3=6$$

$$10-6=4$$

所以　　　　　　　$100-36=64$

（2）计算 $1000-316=$_____。

解：

首先将被减数 1000 写成 $990+10$。

$$99-31=68$$

$$10 - 6 = 4$$

所以 $$1000 - 316 = 684$$

（3）计算 $10000 - 3365 =$ _____ 。

解：

首先将被减数 10000 写成 $9990 + 10$。

$$999 - 336 = 663$$

$$10 - 5 = 5$$

所以 $$10000 - 3365 = 6635$$

注意：这种方法可以避免借位，提高准确率和计算速度。

练习：

（1）计算 $10000 - 2104 =$ _____ 。

（2）计算 $1000 - 24 =$ _____ 。

（3）计算 $100 - 21 =$ _____ 。

5. 两位数减一位数

如果被减数是两位数,减数是一位数,那我们也可以把它们分别拆分成十位和个位两部分,然后分别进行计算,最后相加。

方法：

(1) 把被减数分解成十位加个位的形式,把减数分解成 10 减去一个数字的形式。

(2) 把两个十位数字相减。

(3) 把两个个位数字相减。

(4) 把上两步的结果相加,注意进位。

例子：

(1) 计算 $22-8=$ _____。

解：

首先把被减数分解成 $20+2$ 的形式,减数分解成 $10-2$ 的形式。

计算十位： $20-10=10$

再计算个位： $2-(-2)=4$

结果就是： $10+4=14$

所以 $22-8=14$

(2) 计算 $75-4=$ _____。

解：

$$75=70+5, \quad 4=10-6$$
$$70-10=60$$
$$5-(-6)=11$$
$$60+11=71$$

所以 $75-4=71$

(3) 计算 $88-9=$ _____。

解：

$$88=80+8, \quad 9=10-1$$
$$80-10=70$$
$$8-(-1)=9$$

$$70 + 9 = 79$$

所以 $$88 - 9 = 79$$

练习：

（1）计算 $42 - 8 = $ _____。

（2）计算 $63 - 8 = $ _____。

（3）计算 $32 - 9 = $ _____。

6. 两位数减法运算

如果两个数都是两位数，那么可以把它们分别拆分成十位和个位两部分，然后分别进行计算，最后相加。

方法：

（1）把被减数分解成十位加个位的形式，把减数分解成整十数减去一个数字的形式。

（2）把两个十位数字相减。

（3）把两个个位数字相减。

（4）把上两步的结果相加，注意进位。

例子：

（1）计算 62－38＝_____。

解：

首先把被减数分解成 60＋2 的形式,减数分解成 40－2 的形式。

计算十位：　　　　　　　60－40＝20

再计算个位：　　　　　　2－（－2）＝4

结果就是：　　　　　　　20＋4＝24

所以　　　　　　　　　　62－38＝24

（2）计算 75－24＝_____。

解：

$$75 = 70 + 5, \quad 24 = 30 - 6$$

$$70 - 30 = 40$$

$$5 - (-6) = 11$$

$$40 + 11 = 51$$

所以　　　　　　　　　　75－24＝51

（3）计算 96－29＝_____。

解：

$$96 = 90 + 6, \quad 29 = 30 - 1$$

$$90 - 30 = 60$$

$$6 - (-1) = 7$$

$$60 + 7 = 67$$

所以　　　　　　　　　　96－29＝67

练习：

（1）计算 58－14＝_____。

（2）计算 $45-21=$ _____ 。

（3）计算 $94-56=$ _____ 。

7．三位数减两位数

方法：

（1）把被减数分解成百位加上一个数的形式，把减数拆分成整十数减去一个数字的形式。

（2）用被减数的百位与减数的整十数相减。

（3）用被减数的剩余数字与减数所减的数字相加。

（4）把上两步的结果相加，注意进位。

例子：

（1）计算 $212-28=$ _____ 。

解：

首先把被减数分解成 $200+12$ 的形式，减数分解成 $30-2$ 的形式。

计算百位与整十数的差：　　　　　　　$200-30=170$

再计算剩余数字与所减数字的和：　　　$12+2=14$

结果就是：　　　　　　　　　$170+14=184$

所以　　　　　　　　　　　$212-28=184$

（2）计算 $105-84=$ _____ 。

解：

$$105=100+5,\quad 84=90-6$$
$$100-90=10$$

$$5 + 6 = 11$$
$$10 + 11 = 21$$

所以 $\quad 105 - 84 = 21$

（3）计算 $925 - 86 =$ _____。

解：

$$925 = 900 + 25, \quad 86 = 90 - 4$$
$$900 - 90 = 810$$
$$25 + 4 = 29$$
$$810 + 29 = 839$$

所以 $\quad 925 - 86 = 839$

练习：

（1）计算 $458 - 14 =$ _____。

（2）计算 $124 - 47 =$ _____。

（3）计算 $528 - 89 =$ _____。

8. 三位数减法运算

方法：

（1）把被减数分解成百位加上一个数的形式，把减数拆分成百位加上整十数减去一个数字的形式。

（2）用被减数的百位减去减数的百位，再减去整十数。

（3）用被减数的剩余数字与减数所减的数字相加。

（4）把上两步的结果相加，注意进位。

例子：

（1）计算 $512-128=$ _____。

解：

首先把被减数分解成 $500+12$ 的形式，减数分解成 $100+30-2$ 的形式。

计算百位与百位和整十数的差：$500-100-30=370$

再计算剩余数字与所减数字的和：$12+2=14$

结果就是：$370+14=384$

所以　　　　　　　　$512-128=384$

（2）计算 $806-174=$ _____。

解：

$$806=800+6,\quad 174=100+80-6$$

$$800-100-80=620$$

$$6+6=12$$

$$620+12=632$$

所以　　　　　　　　$806-174=632$

（3）计算 $916-573=$ _____。

解：

$$916=900+16,\quad 573=500+80-7$$

$$900-500-80=320$$

$$16+7=23$$

$$320+23=343$$

所以　　　　　　　　$916-573=343$

练习：

（1）计算 $528-157=$ _____。

（2）计算 $469-418=$ _____。

（3）计算 $694-491=$ _____。

9．用拆分法算两位数乘法

我们知道一个两位数或者三位数乘以一位数比两位数乘以两位数要更容易计算，所以，两位数乘法中，如果被乘数或者乘数可以分解成两个一位数的乘积，那么可以把两位数乘法转换成一个两位数或者三位数乘以一位数的问题来简化计算。

方法：

（1）把其中一个两位数分解成两个一位数的乘积。

（2）用另外一个两位数与第一个一位数相乘。

（3）用上一步的结果（可能是两位数也可能是三位数）与第二个一位数相乘。

例子：

（1）计算 $51\times24=$ _____。

解：

$$24 = 4 \times 6$$

$$51 \times 4 = 204$$

$$204 \times 6 = 1224$$

所以 $\qquad 51 \times 24 = 1224$

当然,本题也可以把 24 拆分成 3×8。

$$24 = 3 \times 8$$

解:

$$51 \times 3 = 153$$

$$153 \times 8 = 1224$$

所以 $\qquad 51 \times 24 = 1224$

(2) 计算 $81 \times 94 = $ _____。

解:

$$81 = 9 \times 9$$

$$9 \times 94 = 846$$

$$9 \times 846 = 7614$$

所以 $\qquad 81 \times 94 = 7614$

(3) 计算 $78 \times 63 = $ _____。

解:

$$63 = 7 \times 9$$

$$78 \times 7 = 546$$

$$546 \times 9 = 4914$$

所以 $\qquad 78 \times 63 = 4914$

注意: 本方法可以扩展成多位数与两位数相乘。

练习:

(1) 计算 $72 \times 19 = $ _____。

(2) 计算 $94 \times 35 =$ _____。

(3) 计算 $59 \times 27 =$ _____。

10. 将数字分解成容易计算的数字

有的时候,我们还可以把被乘数和乘数都进行拆分,使它变为容易计算的数字进行计算。这个时候要充分利用 5、25、50、100 等数字在计算时的简便性。

例子:

(1) 计算 $48 \times 27 =$ _____。

解:

$$48 \times 27 = (40 + 8) \times (25 + 2)$$
$$= 40 \times 25 + 40 \times 2 + 8 \times 25 + 8 \times 2$$
$$= 1000 + 80 + 200 + 16$$
$$= 1296$$

所以 $\qquad\qquad 48 \times 27 = 1296$

(2) 计算 $62 \times 51 =$ _____。

解:

$$62 \times 51 = (60 + 2) \times (50 + 1)$$
$$= 60 \times 50 + 60 \times 1 + 2 \times 50 + 2 \times 1$$
$$= 3000 + 60 + 100 + 2$$

$$= 3162$$

所以 $\qquad 62 \times 51 = 3162$

（3）计算 $84 \times 127 = $ _____ 。

解：

$$84 \times 127 = (80 + 4) \times (125 + 2)$$
$$= 80 \times 125 + 80 \times 2 + 4 \times 125 + 4 \times 2$$
$$= 10000 + 160 + 500 + 8$$
$$= 10668$$

所以 $\qquad 84 \times 127 = 10668$

练习：

（1）计算 $127 \times 88 = $ _____ 。

（2）计算 $192 \times 55 = $ _____ 。

（3）计算 $98 \times 52 = $ _____ 。

11. 任意数字与 12 相乘

方法：

（1）将这个数字扩大 10 倍。

（2）求出这个数字的倍数。

（3）把前两步的结果相加。

例子：

（1）计算 $15 \times 12 =$ _____。

解：

15 扩大 10 倍为 150，

15 的倍数为 30。

$$150 + 30 = 180$$

所以 $$15 \times 12 = 180$$

（2）计算 $99 \times 12 =$ _____。

解：

99 扩大 10 倍为 990，

99 的倍数为 198。

$$990 + 198 = 1188$$

所以 $$99 \times 12 = 1188$$

（3）计算 $158 \times 12 =$ _____。

解：

158 扩大 10 倍为 1580，

158 的倍数为 316。

$$1580 + 316 = 1896$$

所以 $$158 \times 12 = 1896$$

注意：本题的方法可以扩展到多种情况，例如任意数字与 11、13、15、21、22 等相乘。因为一个任意数字乘以 1、2、5 等的计算都非常简单直观，所以将它们拆分成十位和个位分别计算可以大大降低计算难度。

练习：

(1) 计算 $121 \times 12 = $ _____ 。

(2) 计算 $814 \times 12 = $ _____ 。

(3) 计算 $2259 \times 22 = $ _____ 。

12. 两位数与一位数相乘

方法：

(1) 把这个两位数拆分成整十数和一个个位数（或者补数）。

(2) 用这个整十数与一位数相乘。

(3) 用个位数与一位数相乘。

(4) 把前面两步的结果相加。

例子：

(1) 计算 $51 \times 8 = $ _____ 。

解：

$$51 = 50 + 1$$
$$50 \times 8 = 400$$
$$1 \times 8 = 8$$
$$400 + 8 = 408$$

所以 $51 \times 8 = 408$

（2）计算 $99 \times 7 = \underline{\hspace{2cm}}$。

解：

$$99 = 90 + 9$$
$$90 \times 7 = 630$$
$$9 \times 7 = 63$$
$$630 + 63 = 693$$

所以 $99 \times 7 = 693$

当然，本题也可以把 99 拆分成 $100 - 1$。

$$99 = 100 - 1$$

解：

$$100 \times 7 = 700$$
$$1 \times 7 = 7$$
$$700 - 7 = 693$$

所以 $99 \times 7 = 693$

（3）计算 $78 \times 6 = \underline{\hspace{2cm}}$。

解：

$$78 = 70 + 8$$
$$70 \times 6 = 420$$
$$8 \times 6 = 48$$
$$420 + 48 = 468$$

所以 $78 \times 6 = 468$

注意：本方法可以扩展成多位数与一位数相乘。

练习：

（1）计算 $81 \times 9 = \underline{\hspace{2cm}}$。

（2）计算 $94 \times 8 =$ _____。

（3）计算 $59 \times 7 =$ _____。

13. 两位数与两位数相乘

方法：

（1）把其中一个两位数拆分成整十数和一个个位数（或者补数）。

（2）用这个整十数与另一个两位数相乘。

（3）用这个个位数与另一个两位数相乘。

（4）把前面两步的结果相加。

例子：

（1）计算 $51 \times 85 =$ _____。

解：

$$51 = 50 + 1$$
$$50 \times 85 = 4250$$
$$1 \times 85 = 85$$
$$4250 + 85 = 4335$$

所以　　　　　　$51 \times 85 = 4335$

（2）计算 99×24＝_____。

解：

解法一

$$99 = 90 + 9$$
$$90 \times 24 = 2160$$
$$9 \times 24 = 216$$
$$2160 + 216 = 2376$$

所以 $99 \times 24 = 2376$

解法二

当然，本题也可以把 99 拆分成 100－1。

$$99 = 100 - 1$$

解：

$$100 \times 24 = 2400$$
$$1 \times 24 = 24$$
$$2400 - 24 = 2376$$

所以 $99 \times 24 = 2376$

（3）计算 78×63＝_____。

解：

$$78 = 70 + 8$$
$$70 \times 63 = 4410$$
$$8 \times 63 = 504$$
$$4410 + 504 = 4914$$

所以 $78 \times 63 = 4914$

注意：本方法可以扩展成多位数与两位数相乘。

练习：

（1）计算 81×19＝_____。

（2）计算 $94 \times 82 =$ _____。

（3）计算 $59 \times 27 =$ _____。

14. 任意三位数的平方

我们可以把三位数拆分成一个一位数和一个两位数，再运用两位数的乘方方法来计算。

方法：

（1）用 $a \times 100 + b$ 来表示要计算平方的数，其中 a 为整百的数，b 为十位和个位上的数。

（2）结果为 $(100a)^2 + 2 \times 100a \times b + b^2$。

或者

（1）用 $a \times 10 + b$ 来表示要计算平方的数，其中 a 为整十的数，b 为个位上的数。

（2）结果为 $(10a)^2 + 2 \times 10a \times b + b^2$。

注意：要选择哪种拆分方法，应根据怎么拆平方更好算来确定。

例子：

（1）计算 $915^2 =$ _____。

解：

$$900^2 = 810000$$
$$2 \times 900 \times 15 = 27000$$

$$15^2 = 225$$

结果为： $810000 + 27000 + 225 = 837225$

或

$$910^2 = 828100$$

$$2 \times 910 \times 5 = 9100$$

$$5^2 = 25$$

结果为： $828100 + 9100 + 25 = 837225$

所以 $915^2 = 837225$

（2）计算 $512^2 = \underline{\hspace{2cm}}$。

解：

$$500^2 = 250000$$

$$2 \times 500 \times 12 = 12000$$

$$12^2 = 144$$

结果为： $250000 + 12000 + 144 = 262144$

所以 $512^2 = 262144$

（3）计算 $129^2 = \underline{\hspace{2cm}}$。

解：

$$120^2 = 14400$$

$$2 \times 120 \times 9 = 2160$$

$$9^2 = 81$$

结果为： $14400 + 2160 + 81 = 16641$

所以 $129^2 = 16641$

练习：

（1）计算 $119^2 = \underline{\hspace{2cm}}$。

（2）计算 $221^2 =$ _____。

（3）计算 $815^2 =$ _____。

15．任意四位数的平方

我们把四位数拆分成两个两位数，运用两位数的乘方方法来计算。

方法：

（1）用 $a×100+b$ 来表示要计算平方的数，其中 a 为整百的数，b 为十位和个位上的数。

（2）结果为 $(100a)^2+2×100a×b+b^2$。

例子：

（1）计算 $1113^2 =$ _____。

解：

$$1100^2 = 1210000$$

$$2×1100×13 = 28600$$

$$13^2 = 169$$

结果为：　　　　$1210000+28600+169=1238769$

所以　　　　　 $1113^2 =1238769$

（2）计算 $1512^2 =$ _____。

解：

$$1500^2 = 2250000$$

$$2 \times 1500 \times 12 = 36000$$
$$12^2 = 144$$

结果为：　　　　$2250000 + 36000 + 144 = 2286144$

所以　　　　　$1512^2 = 2286144$

（3）计算 $2511^2 = \underline{\qquad}$。

解：

$$2500^2 = 6250000$$
$$2 \times 2500 \times 11 = 55000$$
$$11^2 = 121$$

结果为：　　　　$6250000 + 55000 + 121 = 6305121$

所以　　　　　$2511^2 = 6305121$

练习：

（1）计算 $1129^2 = \underline{\qquad}$。

（2）计算 $2217^2 = \underline{\qquad}$。

（3）计算 $1513^2 = \underline{\qquad}$。

16．任意数字与 4 相除

方法：

（1）先将除数除以 2。

（2）再将上一步结果除以 2。

例子：

（1）计算 $54 \div 4 =$ _____。

解：

将被除数除以 2

得到 $\qquad$ $54 \div 2 = 27$

再除以 2

得到 $\qquad$ $27 \div 2 = 13.5$

所以 $\qquad$ $54 \div 4 = 13.5$

（2）计算 $108 \div 4 =$ _____。

解：

将被除数除以 2

得到 $\qquad$ $108 \div 2 = 54$

再除以 2

得到 $\qquad$ $54 \div 2 = 27$

所以 $\qquad$ $108 \div 4 = 27$

（3）计算 $252 \div 4 =$ _____。

解：

将被除数除以 2

得到 $\qquad$ $252 \div 2 = 126$

再除以 2

得到 $\qquad$ $126 \div 2 = 63$

所以 $\qquad$ $252 \div 4 = 63$

练习：

（1）计算 $1024 \div 4 =$ _____。

（2）计算 $56 \div 4 =$ _____。

（3）计算 $111 \div 4 =$ _____。

17. 用拆分法算分数

方法：

把带分数拆分成整数和分数两部分进行计算。

例子：

（1）计算 $4\dfrac{1}{5} \times 25 =$ _____。

解：

$$原式 = 4 \times 25 + \dfrac{1}{5} \times 25$$
$$= 100 + 5$$
$$= 105$$

所以 $\qquad\qquad 4\dfrac{1}{5} \times 25 = 105$

（2）计算 $32\dfrac{4}{7}\div 4=$ _____ 。

解：

$$原式 = 32\div 4 + \dfrac{4}{7}\div 4$$

$$= 8 + \dfrac{1}{7}$$

$$= 8\dfrac{1}{7}$$

所以 $\qquad 32\dfrac{4}{7}\div 4 = 8\dfrac{1}{7}$

（3）计算 $1\dfrac{1}{4}\times 124=$ _____ 。

$$原式 = 1\times 124 + \dfrac{1}{4}\times 4\times 31$$

$$= 124 + 31$$

$$= 155$$

所以 $\qquad 1\dfrac{1}{4}\times 124 = 155$

练习：

（1）计算 $16\dfrac{3}{5}\times 125=$ _____ 。

（2）计算 $84\dfrac{7}{9}\div 7=$ _____ 。

（3）计算 $8\dfrac{1}{9}\times 27=$ _____。

18. 用裂项法算分数

裂项法也是拆分法的一种，该方法是将每个分数都分解成两个分数之差，并且使中间的分数相互抵消，从而简化运算。

方法：

裂项公式

$$\frac{n}{m(m+n)}=\frac{1}{m}-\frac{1}{m+n}$$

变化1

$$\frac{an}{m(m+n)}=a\left(\frac{1}{m}-\frac{1}{m+n}\right)$$

变化2

$$\frac{a}{m(m+n)}=\frac{a}{n}\times\left(\frac{1}{m}-\frac{1}{m+n}\right)$$

例子：

（1）计算 $\dfrac{1}{n}-\dfrac{1}{n+1}=$ _____。

解：

$$原式=\frac{1}{n(n+1)}$$

$$=\frac{1}{n}\times\frac{1}{n+1}$$

所以

$$\frac{1}{n}-\frac{1}{n+1}=\frac{1}{n}\times\frac{1}{n+1}$$

由这道题的规律我们可以看出，当分子都是1，分母是连续的两个自然数时,这两个分数的差就是这两个分数的积,反过来也同样成立,即这两个分数的积等于这两个分数的差。

根据这一关系,也可以简化运算过程。

(2) 计算 $\dfrac{1}{2}+\dfrac{1}{6}+\dfrac{1}{12}+\dfrac{1}{20}+\dfrac{1}{30}=$ _____。

解:

$$\text{原式}=\frac{1}{1\times 2}+\frac{1}{2\times 3}+\frac{1}{3\times 4}+\frac{1}{4\times 5}+\frac{1}{5\times 6}$$

$$=1-\frac{1}{2}+\frac{1}{2}-\frac{1}{3}+\frac{1}{3}-\frac{1}{4}+\frac{1}{4}-\frac{1}{5}+\frac{1}{5}-\frac{1}{6}$$

$$=1-\frac{1}{6}$$

$$=\frac{5}{6}$$

所以 $\qquad \dfrac{1}{2}+\dfrac{1}{6}+\dfrac{1}{12}+\dfrac{1}{20}+\dfrac{1}{30}=\dfrac{5}{6}$

(3) 计算数列 $a_n=n(n+1)$ 的前 n 项和。

解:

$a_n=n(n+1)=[n(n+1)(n+2)-(n-1)n(n+1)]/3$(裂项)

则 $S_n=[1\times 2\times 3-0\times 1\times 2+2\times 3\times 4-1\times 2\times 3+\cdots$

$\qquad +n(n+1)(n+2)-(n-1)n(n+1)]/3$(裂项求和)

$\qquad =[n(n+1)(n+2)-0]/3$

$\qquad =n(n+1)(n+2)/3$

练习:

(1) 计算 $\left(\dfrac{1}{7}-\dfrac{1}{8}\right)\times 1\dfrac{2}{5}=$ _____。

（2）计算 $\dfrac{1}{1\times 4}+\dfrac{1}{4\times 7}+\dfrac{1}{7\times 10}+\cdots+\dfrac{1}{91\times 94}=$ _____。

（3）计算 $\dfrac{1}{1}+\dfrac{1}{1+2}+\dfrac{1}{1+2+3}+\cdots+\dfrac{1}{1+2+3+\cdots+100}=$

_____。

七、分组法

分组法是根据算式中数字的特征以及计算规律，把可以凑整或者可以提取公因式的若干项归为一组，可以快速而简便地计算出题目的结果。

一般能用分组法来计算的题目都会有四项或六项或大于六项，一般四项的分组分解有两种形式："2+2 分法"和"3+1 分法"。

（1）2+2 分法

$$ax + ay + bx + by$$
$$=(ax + ay) + (bx + by)$$
$$=a(x + y) + b(x + y)$$
$$=(a + b)(x + y)$$

我们把 ax 和 ay 分成一组，bx 和 by 分成一组，利用乘法分配律两两相配。同样，这道题也可以用另外一种方式来分组。

$$ax + ay + bx + by$$
$$=(ax + bx) + (ay + by)$$
$$=x(a + b) + y(a + b)$$
$$=(a + b)(x + y)$$

（2）3＋1 分法

$$2xy - x^2 + 1 - y^2$$
$$=1 - (x^2 - 2xy + y^2)$$
$$=1 - (x - y)^2$$
$$=(1 + x - y)(1 - x + y)$$

一些看起来很难计算的题目,采用分组法,往往可以很快地解答出来。

1. 四位数加法运算

方法：

（1）把每个四位数都分成两个两位数。

（2）将对应的两个两位数相加,即两个前面的两位数相加,两个后面的两位数相加。

（3）将两个结果合在一起。如果后面的两个两位数相加变成了三位数,那么要注意进位。

口诀：分成两位数,再相加。

例子：

（1）计算 $1287 + 3511 = \underline{\hspace{2cm}}$。

解：

把 1287 分解为 12 和 87,

把 3511 分解为 35 和 11,

然后,
$$12 + 35 = 47$$
$$87 + 11 = 98$$

所以结果即为 4798。

所以　　　　　　　$1287 + 3511 = 4798$

（2）计算 5879＋3527＝_____。

解：

把 5879 分解为 58 和 79，

把 3527 分解为 35 和 27，

然后，　　　　　　　　$58＋35＝93$

　　　　　　　　　　　$79＋27＝106$

所以结果即为 9406。

所以　　　　　　　　$5879＋3527＝9406$

（3）计算 3721＋2587＝_____。

解：

把 3721 分解为 37 和 21，

把 2587 分解为 25 和 87，

然后，　　　　　　　　$37＋25＝62$

　　　　　　　　　　　$21＋87＝108$

所以结果即为 6308。

所以　　　　　　　　$3721＋2587＝6308$

注意： 这种方法可以做多位数加法，位数不足的可以在前面用 0 补足。但是位数越多越要注意进位。

练习：

（1）计算 1224＋6201＝_____。

（2）计算 4297＋1336＝_____。

(3) 计算 1298＋2921＝_____。

2. 求连续数的和

所谓连续数就是有一定顺序和规律的序列数字。比如 1,2,3,4,5…

方法：

(1) 把首尾两个数相加。

(2) 把上一步的结果除以 2。

(3) 再乘上这些数字的个数。(第(2)步和第(3)步可以调换顺序)

原理：

著名的德国数学家高斯小时候就做过"百数求和"的问题，即求 $1＋2＋3＋…＋99＋100＝$_____。

方法其实很简单，只要进行分组即可。

1 和 100 一组；

2 和 99 一组；

3 和 98 一组；

4 和 97 一组；

……

这样一共可以分成 100÷2＝50 组，而每组都是 1＋100＝101。

所以，1＋2＋3＋4＋…＋99＋100＝(1＋100)×100÷2＝5050。

这种算法的思路，最早见于的书籍是我国古代的《张丘建算经》。张丘建利用这一思路巧妙地解答了"有女不善织"这一名题：

"今有女子不善织，日减功，迟。初日织五尺，末日织一尺，今三十日织讫。问织几何？"

题目的意思是：有位妇女不善于织布，她每天织的布都比上一天减少一些，并且减少的数量都相等。她第一天织了 5 尺布，最后一天织了 1 尺，一共织了 30 天。问她一共织了多少布？

张丘建在《张丘建算经》上给出的解法是："并初末日织尺数，半之，余以乘织讫日数，即得。""答曰：二匹一丈"。

这一解法，用现代的算式表达，就是：

$$（5 尺＋1 尺）÷2×30 天＝90 尺$$

因为古代 1 匹＝4 丈，1 丈＝10 尺，所以，90 尺＝9 丈＝2 匹 1 丈。

这道题的解题思路为：如果把这位妇女从第一天直到第 30 天所织的布都加起来，算式应该是：5＋…＋1，在这一算式中，每一个往后加的加数，都会比它前一个紧挨着它的加数递减一个相同的数，而这一递减的数不会是个整数。若把这个式子反过来，则算式便是：1＋…＋5，此时，每一个往后的加数，就都会比它前一个紧挨着它的加数递增一个相同的数。同样，这一递增的相同的数，也不是一个整数。而且这个递增的数与上一个递减的数是相同的。

假如把上面这两个式子相加，并在相加时，利用"对应的数相加的和相等"这一特点，那么，就会出现下面的式子：

$$
\begin{array}{r}
5＋…＋1 \\
＋\quad 1＋…＋5 \\
\hline
6＋6＋6…＋6
\end{array}
$$

共计 30 个 6。

所以，这个妇女 30 天织的布是：$6×30÷2＝90$（尺）。

例子：

（1）计算 $1＋2＋3＋4＋5＋6＋7＋8＋9＋10＝$_____。

解：

$$1＋10＝11$$
$$11÷2＝5.5$$
$$5.5×10＝55$$

所以　　$1＋2＋3＋4＋5＋6＋7＋8＋9＋10＝55$

(2) 计算 $1+2+3+\cdots+1000=$_____。

解：

$$1+1000=1001$$
$$1001\div2=500.5$$
$$500.5\times1000=500500$$

所以　　　$1+2+3+\cdots+1000=500500$

(3) 计算 $97+98+99+100+101+102+103=$_____。

解：

$$97+103=200$$
$$200\div2=100$$
$$100\times7=700$$

所以　　　$97+98+99+100+101+102+103=700$

扩展阅读

等 差 数 列

在一列数中，任意相邻两个数的差是一定的，这样的一列数，就叫作等差数列。

- 首项：等差数列的第一个数，一般用 a_1 表示；
- 项数：等差数列的所有数的个数，一般用 n 表示；
- 公差：数列中任意相邻两个数的差，一般用 d 表示；
- 通项：表示数列中每一个数的公式，一般用 a_n 表示；
- 数列的和：这一数列全部数字的和，一般用 S_n 表示。

(1) 基本思路

等差数列中涉及 5 个量：a_1、a_n、d、n、S_n，通项公式中涉及 4 个量，如果已知其中 3 个，就可求出第 4 个；求和公式中涉及 4 个量，如果已知其中 3 个，就可以求出第 4 个。

(2) 基本公式

通项公式：

$$a_n=a_1+(n-1)d$$

$$= 首项 + (项数 - 1) \times 公差$$

数列和公式:

$$s_n = (a_1 + a_n)n/2$$
$$= (首项 + 末项) \times 项数/2$$

项数公式:

$$n = (a_n - a_1)/d + 1$$
$$= (末项 - 首项)/公差 + 1$$

公差公式:

$$d = (a_n - a_1)/(n - 1)$$
$$= (末项 - 首项)/(项数 - 1)$$

所以,关键问题就是先确定已知量和未知量,进而确定该使用什么公式。

(3)性质

① 等差数列的平均值等于正中间的那个数(奇数个数)或者正中间那两个数的平均值(偶数个数)。

② 任意角标差值相等的两个数之差都相等,即 $A_{(n+i)} - A_n = A_{(m+i)} - A_m$。

一些常见等差数列的和的计算方法如下。

自然数和:

$$1 + 2 + 3 \cdots + n = n(n + 1)/2$$

奇数和:

$$1 + 3 + 5 + \cdots + (2n - 1) = n^2$$

偶数和:

$$2 + 4 + 6 + \cdots + 2n = n(n + 1)$$

练习:

(1)计算 $1 + 2 + 3 + \cdots + n =$ _____。

(2) 计算 $57+58+59+60+61+62+63+64+65=$ _____。

(3) 计算 $1+3+5+7+9+11+13+15+17+19+21=$ _____。

八、错位法

错位法，一般又叫作错位相减法（偶尔也会用到错位相加法），是在数列求和或分数计算中比较常用的方法。

错位法多用于等比数列与等差数列相乘的形式。即形如 $A_n=B_nC_n$ 的数列，其中 $\{B_n\}$ 为等差数列，$\{C_n\}$ 为等比数列。分别列出 S_n，再把所有式子同时乘以等比数列的公比 q，即 $q\times S_n$；然后错开一位，两个式子相减。这种数列求和方法叫作错位相减法。

例如：

$$S_n=a+2a^2+3a^3+\cdots+(n-2)a^{n-2}$$
$$+(n-1)a^{n-1}+na^n \quad （其中 a 不等于 0，也不等于 1） \quad ①$$

在①式的左右两边同时乘上 a，得到等式②如下：

$$aS_n=a^2+2a^3+3a^4+\cdots+(n-2)a^{n-1}+(n-1)a^n+na^{n+1} \quad ②$$

用式①－②，得：

$$(1-a)S_n=a+(2-1)a^2+(3-2)a^3+\cdots$$
$$+(n-n+1)a^n-na^{n+1} \quad ③$$

即：

$$(1-a)S_n = a + a^2 + a^3 + \cdots + a^{n-1} + a^n - na^{n+1}$$

其中 $a + a^2 + a^3 + \cdots + a^{n-1} + a^n$ 可以用等比数列的求和公式进行计算。

得到：

$$a + a^2 + a^3 + \cdots + a^{n-1} + a^n = (1-a)S_n = na^{n+1}$$

最后在等式两边同时除以$(1-a)$，就可以得到 S_n 了。

1. 把纯循环小数转换成分数

我们知道，两个有理数相除，若除不尽，商一定是循环小数。相反，一个循环小数，总能对应地转换成分数。

方法：

（1）把纯循环小数写成 $x=a$ 的形式，并确定循环节有几位。

（2）两边同时乘以整数倍。若循环节为 1 位，则乘以 10；若循环节为 2 位，则乘以 100；若循环节为 3 位，则乘以 1000，等等。

（3）与原式相减，计算出 x 的分数形式。能约分的数就约分。

例子：

（1）将循环小数 $0.5555\cdots$ 转换成分数。

解：

$$x = 0.5555\cdots$$

两边同时乘以 10：

$$10x = 5.5555\cdots$$

两式相减，得：

$$9x = 5$$

则

$$x = 5/9$$

所以，将循环小数 $0.5555\cdots$ 转换成分数为 $5/9$。

（2）将循环小数 $0.515151\cdots$ 转换成分数。

解：

$$x = 0.515151\cdots$$

两边同时乘以 100：

$$100x = 51.515151\cdots$$

两式相减,得:
$$99x = 51$$
则
$$x = 51/99 = 17/33$$
所以,将循环小数 0.515151… 转换成分数为 17/33。

(3) 将循环小数 0.126126126… 转换成分数。

解:
$$x = 0.126126126\cdots$$
两边同时乘以 1000:
$$1000x = 126.126126126\cdots$$
两式相减,得:
$$999x = 126$$
则
$$x = 126/999 = 14/111$$
所以,将循环小数 0.126126126… 转换成分数为 14/111。

如果不是纯循环小数,可以用此扩展方法。

(4) 将循环小数 0.41666… 转换成分数

解:
$$x = 0.41666$$
两边同时乘以 100:
$$100x = 41.666\cdots$$
$$= 41 + 0.666\cdots$$
因为 0.666… = 6/9 = 2/3(用前面的方法计算),所以:
$$100x = 41 + 2/3 = 125/3$$
$$x = 125/300 = 5/12$$
所以,循环小数 0.41666… 转换成分数为 5/12。

练习:

(1) 将循环小数 0.777… 转换成分数。

（2）将循环小数 0.2121…转换成分数。

（3）将循环小数 0.21818…转换成分数。

2. 任意数与 9 相乘

方法：

（1）将这个数后面加个"0"。

（2）用上一步的结果减去这个数，即为结果。

推导：

我们假设任意数为 a，则有：

$$a \times 9 = a \times (10 - 1) = a \times 10 - a$$

例子：

（1）计算 $3 \times 9 =$ _____。

解：

3 后面加个 0 变为 30，减去这个数 3，即

$$30 - 3 = 27$$

所以 $$3 \times 9 = 27$$

（2）计算 $53 \times 9 =$ _____。

解：

53 后面加个 0 变为 530，减去这个数 53，即

$$530 - 53 = 477$$

所以 $$53 \times 9 = 477$$

（3）计算 365×9＝_____。

解：

365 后面加个 0 变为 3650，减去这个数 365，即

$$3650-365=3285$$

所以　　　　　　　　$365×9=3285$

练习：

（1）计算 9×9＝_____。

（2）计算 45×9＝_____。

（3）计算 135×9＝_____。

3. 扩展：数字对调的两位数减法

方法：

（1）用被减数的十位数减去它的个位数。

（2）将上一步的结果乘以 9。

例子：

（1）计算 $82-28=$ _____。

解：

$$原式 = (8-2) \times 9$$
$$= 54$$

所以 $\qquad 82-28=54$

（2）计算 $51-15=$ _____。

解：

$$原式 = (5-1) \times 9$$
$$= 36$$

所以 $\qquad 51-15=36$

（3）计算 $93-39=$ _____。

解：

$$原式 = (9-3) \times 9$$
$$= 54$$

所以 $\qquad 93-39=54$

练习：

（1）计算 $74-47=$ _____。

(2) 计算 $54-45=$ _____。

(3) 计算 $81-18=$ _____。

4. 任意数与 99 相乘

方法:

(1) 将这个数后面加两个 0。

(2) 用上一步的结果减去这个数,即为结果。

推导:

我们假设任意数为 a,则有:

$$a \times 99 = a \times (100-1) = a \times 100 - a$$

例子:

(1) 计算 $3 \times 99 =$ _____。

解:

3 后面加个 00 变为 300,减去这个数 3,即

$$300 - 3 = 297$$

所以
$$3 \times 99 = 297$$

(2) 计算 $35 \times 99 =$ _____。

解:

35 后面加个 00 变为 3500,减去这个数 35,即

$$3500 - 35 = 3465$$

所以
$$35 \times 99 = 3465$$

（3）计算 $435 \times 99 =$ _____。

解：

435 后面加个 00 变为 43500，减去这个数 35，即

$$43500 - 435 = 43065$$

所以 $435 \times 99 = 43065$

练习：

（1）计算 $5 \times 99 =$ _____。

（2）计算 $16 \times 99 =$ _____。

（3）计算 $315 \times 99 =$ _____。

5. 任意数与 999 相乘

方法：

（1）将这个数后面加三个 0。

（2）用上一步的结果减去这个数，即为结果。

推导：

我们假设任意数为 a，则有：
$$a \times 999 = a \times (1000 - 1) = a \times 1000 - a$$

例子：

（1）计算 $3 \times 999 =$ _____。

解：

3 后面加个 000 变为 3000，减去这个数 3，即
$$3000 - 3 = 2997$$

所以 $\qquad 3 \times 999 = 2997$

（2）计算 $26 \times 999 =$ _____。

解：

26 后面加个 000 变为 26000，减去这个数 26，即
$$26000 - 26 = 25974$$

所以 $\qquad 26 \times 999 = 25974$

（3）计算 $2586 \times 999 =$ _____。

解：

2586 后面加个 000 变为 2586000，减去这个数 2586，即
$$2586000 - 2586 = 2583414$$

所以 $\qquad 2586 \times 999 = 2583414$

练习：

（1）计算 $12 \times 999 =$ _____。

（2）计算 $9 \times 999 =$ _____。

（3）计算 $870 \times 999 =$ _____。

6. 扩展：任意数与 9、99、999 相乘的其他解法

方法：

（1）这个任意乘数减 1。

（2）用连续为 9 的数加 1 后再减去这个任意数。

（3）把前两步所得结果连在一起。

推导：

我们假设乘数为 99（其他同理），则有：

$$a \times 99 = a \times 100 - a = a \times 100 - 100 + 100 - a$$
$$= (a - 1) \times 100 + (100 - a)$$

例子：

（1）计算 $28 \times 99 =$ _____。

解：

$$28 - 1 = 27$$
$$100 - 28 = 72$$

所以结果为 2772。

所以 $\qquad 28 \times 99 = 2772$

（2）计算 $82 \times 999 =$ _____。

解：

$$82 - 1 = 81$$

$$1000 - 82 = 918$$

所以结果为 81918。

所以 $\qquad 82 \times 999 = 81918$

（3）计算 $751 \times 9999 =$ _____。

解：

$$751 - 1 = 750$$

$$10000 - 751 = 9249$$

所以结果为 7509249。

所以 $\qquad 751 \times 9999 = 7509249$

练习：

（1）计算 $71 \times 99 =$ _____。

（2）计算 $475 \times 999 =$ _____。

（3）计算 81×9999＝＿＿＿＿＿。

7. 两位数与 11 相乘

一个数与 11、111、1111…相乘，就会用到错位相加法。大家列一下竖式就知道了，很简单，这里不做展开。下面介绍一下两位数与 11 相乘的其他速算方法。

方法：

（1）这个两位数的十位为积的百位。

（2）这个两位数的个位为积的个位。

（3）这个两位数的十位和个位数字相加为积的十位（满十进一）。

口诀：两边一拉，和放中间。

例子：

（1）计算 51×11＝＿＿＿＿＿。

解：

百位为 5，个位为 1，十位为 5＋1＝6，所以积为 561。

所以 $51×11＝561$

（2）计算 99×11＝＿＿＿＿＿。

解：

百位为 9，个位为 9，9＋9＝18，十位为 8，进 1，故百位变成 10，进到千位，所以积为 1089。

所以 $99×11＝1089$

（3）计算 58×11＝＿＿＿＿＿。

解：

百位为 5，个位为 8，5＋8＝13，十位为 3，进 1，所以积为 638。

所以 $58×11＝638$

练习：

（1）计算 $21 \times 11 =$ _____。

（2）计算 $84 \times 11 =$ _____。

（3）计算 $59 \times 11 =$ _____。

8．扩展：数字对调的两位数加法

方法：

（1）任选一个加数，将十位数与个位数相加。

（2）上一步的结果乘以 11。

例子：

（1）计算 $43 + 34 =$ _____。

解：

$$43 + 34 = (4 + 3) \times 11$$
$$= 7 \times 11$$
$$= 77$$

所以　　　　　　　　$43 + 34 = 77$

（2）计算 $98+89=$ _____。

解：

$$98+89=(9+8)\times 11$$
$$=17\times 11$$
$$=187$$

所以　　　　　　　$98+89=187$

（3）计算 $57+75=$ _____。

解：

$$57+75=(5+7)\times 11$$
$$=12\times 11$$
$$=132$$

所以　　　　　　　$57+75=132$

练习：

（1）计算 $27+72=$ _____。

（2）计算 $51+15=$ _____。

（3）计算 $99+99=$ _____。

9. 三位以上的数字与 11 相乘

方法：

（1）把和 11 相乘的乘数写在纸上，中间和前后留出适当的空格。

如 $abcd \times 11$，则将乘数 $abcd$ 写成：

$$a \qquad b \qquad c \qquad d$$

（2）将乘数中相邻的两位数字依此相加，求出的和再顺序写在乘数下面留出的空位上。

$$a \qquad b \qquad c \qquad d$$
$$a+b \quad b+c \quad c+d$$

（3）将乘数的首位数字写在最左边，乘数的末尾数字写在最右边。

$$a \qquad b \qquad c \qquad d$$
$$a \quad a+b \quad b+c \quad c+d \quad d$$

（4）第二排的计算结果即为乘数乘以 11 的结果（注意进位）。

口诀：首尾不动下落，中间之和下拉。

例子：

（1）计算 $85436 \times 11 =$ ＿＿＿＿＿＿。

解：

	8	5	4	3	6
	8	8+5	5+4	4+3	3+6	6
累加：	8	13	9	7	9	6
尾数：	9	3	9	7	9	6

所以　　　　　　　$85436 \times 11 = 939796$

（2）计算 $123456 \times 11 =$ ＿＿＿＿＿＿。

解：

	1	2	3	4	5	6
累加：	1	1+2	2+3	3+4	4+5	5+6	6
尾数：	1	3	5	7	9	11	6
进位：	1	3	5	8	0	1	6

所以　　　　　　　$123456 \times 11 = 1358016$

（3）计算 1342×11＝_____。

解：

$$
\begin{array}{ccccc}
1 & 3 & 4 & 2 \\
1 & 1+3 & 3+4 & 4+2 & 2
\end{array}
$$

累加：　　　1　　4　　7　　6　　2

所以　　　　　1342×11＝14762

提示：这种方法也适用于两位和三位数乘以 11 的情况，只是过于简单，规律不是太明显。

（4）计算 11×11＝_____。

解：

$$
\begin{array}{cc}
1 & 1 \\
1 & 1+1 & 1
\end{array}
$$

累加：　　　1　　2　　1

所以　　　　11×11＝121

（5）计算 123×11＝_____。

解：

$$
\begin{array}{ccc}
1 & 2 & 3 \\
1 & 1+2 & 2+3 & 3
\end{array}
$$

累加：　1　　3　　5　　3

所以　　　　123×11＝1353

（6）计算 798×11＝_____。

解：

$$
\begin{array}{ccc}
7 & 9 & 8 \\
7 & 7+9 & 9+8 & 8
\end{array}
$$

累加：　　7　　16　　17　　8

进位：　　8　　7　　7　　8

所以　　　　798×11＝8778

扩展阅读

11 与"杨辉三角"

杨辉三角形又称为贾宪三角形、帕斯卡三角形，是二项式系数在三角形中的一种几何排列。

$$
\begin{array}{c}
1 \\
1 \quad 1 \\
1 \quad 2 \quad 1 \\
1 \quad 3 \quad 3 \quad 1 \\
1 \quad 4 \quad 6 \quad 4 \quad 1 \\
1 \quad 5 \quad 10 \quad 10 \quad 5 \quad 1
\end{array}
$$

杨辉三角形同时对应于二项式定理的系数。n 次的二项式系数对应杨辉三角形的 $n+1$ 行。

例如在 $(a+b)^2 = a^2 + 2ab + b^2$ 中，2 次的二项式正好对应杨辉三角形第 3 行系数 1、2、1。

除此之外，也许你还会发现，这个三角形从第二行开始，是上一行的数乘以 11 所得的积。

$$
\begin{array}{c}
1 \\
1 \quad 1 \\
1 \quad 2 \quad 1 \\
1 \quad 3 \quad 3 \quad 1 \\
1 \quad 4 \quad 6 \quad 4 \quad 1 \\
1 \quad 5 \quad 10 \quad 10 \quad 5 \quad 1
\end{array}
$$

$1 \times 11 = 11 = 11^1$

$11 \times 11 = 121 = 11^2$

$121 \times 11 = 1331 = 11^3$

$1331 \times 11 = 14641 = 11^4$

$14641 \times 11 = 161051 = 11^5$

练习：

(1) 计算 $2445235 \times 11 = $ _____。

(2) 计算 $376385 \times 11 = $ _____。

（3）计算 $35906 \times 11 =$ _____。

10. 三位以上的数字与 111 相乘

方法：

（1）把与 111 相乘的乘数写在纸上，中间和前后留出适当的空格。

如 $abc \times 111$，积的第一位为 a，第二位为 $a+b$，第三位为 $a+b+c$，第四位为 $b+c$，第五位为 c。

（2）结果即为被乘数乘以 111 的结果。（上一步中的每个结果都应为 1 位数字，如果超过 1 位，则注意进位）

例子：

（1）计算 $543 \times 111 =$ _____。

解：

积的第一位为 5，第二位为 $5+4=9$，第三位为 $5+4+3=12$，第四位为 $4+3=7$，第五位为 3。

即结果为：

$$5 \quad\quad 9 \quad\quad 12 \quad\quad 7 \quad\quad 3$$

进位后结果为 60273。

所以 $543 \times 111 = 60273$

如果被乘数为四位数 $abcd$，那么积的第一位为 a，第二位为 $a+b$，第三位为 $a+b+c$，第四位为 $b+c+d$，第五位为 $c+d$，第六位为 d。

（2）计算 $5123 \times 111 =$ _____。

解：

积的第一位为 5，第二位为 $5+1=6$，第三位为 $5+1+2=8$，第四位为 $1+2+3=6$，第五位为 $2+3=5$，第六位为 3。

即结果为：

$$5 \quad\quad 6 \quad\quad 8 \quad\quad 6 \quad\quad 5 \quad\quad 3$$

所以　　　　　　$5123 \times 111 = 568653$

如果被乘数为五位数 $abcde$，那么积的第一位为 a，第二位为 $a+b$，第三位为 $a+b+c$，第四位为 $b+c+d$，第五位为 $c+d+e$，第六位为 $d+e$，第七位为 e。

（3）计算 $12345 \times 111 = $ _____。

解：

积的第一位为 1，第二位为 $1+2=3$，第三位为 $1+2+3=6$，第四位为 $2+3+4=9$，第五位为 $3+4+5=12$，第六位为 $4+5=9$，第七位为 5。

即结果为：

　　　　1　　3　　6　　9　　12　　9　　5

进位后为：

　　　　1　　3　　7　　0　　2　　9　　5

所以　　　　　　$12345 \times 111 = 1370295$

注意：同样的更多位数乘以 111 的结果也都可以用相应的简单计算法计算，大家可以自己试着推算一下相应的公式。

练习：

（1）计算 $235 \times 111 = $ _____。

（2）计算 $111111 \times 111 = $ _____。

（3）计算 987654321×111＝＿＿＿＿＿。

11. 用错位法做乘法

本方法与前面介绍的十字相乘法原理是一致的，只是写法略有不同，大家可以根据自己的喜好选择。

方法：

（1）以两位数相乘为例，将被乘数和乘数的各位上的数字分开写。

（2）将乘数的个位分别与被乘数的个位和十位数字相乘，将所得的结果写在对应数位的下面。

（3）将乘数的十位分别与被乘数的个位和十位数字相乘，将所得的结果写在对应数位的下面。

（4）结果为对应的数位上的数字相加。

例子：

（1）计算 97×26＝＿＿＿＿＿。

解：

$$
\begin{array}{ccccc}
 & & & 9 & 7 \\
 & & \times & 2 & 6 \\
\hline
 & & & 4 & 2 \\
 & & 5 & 4 & \\
 & & 1 & 4 & \\
 & 1 & 8 & & \\
\hline
 & 2 & 4 & 12 & 2 \\
\end{array}
$$

进位：　　　　　　　　　进 1

结果为：2522。

所以　　　　　　　　　$97 \times 26 = 2522$

（2）计算 $21 \times 18 = $ _____ 。

解：

```
        2   1
    ×   1   8
    ─────────
            8
      1   6
          1
      2
    ─────────
      3   7   8
```

结果为：378。

所以　　　　　　　　　$21 \times 18 = 378$

（3）计算 $284 \times 149 = $ _____ 。

解：

```
        2    8    4
    ×   1    4    9
    ──────────────────
             3    6
        7    2
    1   8
        1    6
    3   2
    8
    8
    2
    ──────────────────
    2  20   22   11
```

进位：　　　　　　进 2 进 2 进 1

结果为：42316。

所以　　　　　　　$284 \times 149 = 42316$

注意：

（1）注意对准数位。乘数的某一位与被乘数的各个数位相乘时，结果的数位依此前移一位。

（2）本方法适用于多位数乘法。

练习：

（1）计算 $78 \times 35 =$ _____。

（2）计算 $364 \times 758 =$ _____。

（3）计算 $3115 \times 128 =$ _____。

12. 中间有 0 的三位数的平方

方法：

（1）用 $a0b$ 来表示要计算平方的数，其中 a 为 0 前面的数，b 为 0 后面的数。

（2）结果为 $a^2 \times 10000 + 2ab \times 100 + b^2$。

例子：

（1）计算 $103^2 =$ _____。

解：

$$1^2 \times 10000 = 10000$$
$$2 \times 1 \times 3 \times 100 = 600$$
$$3^2 = 9$$

结果为　　　　　$10000 + 600 + 9 = 10609$

所以　　　　　$103^2 = 10609$

（2）计算 $602^2 =$ _____。

解：

$$6^2 \times 10000 = 360000$$
$$2 \times 6 \times 2 \times 100 = 2400$$
$$2^2 = 4$$

结果为　　　　　$360000 + 2400 + 4 = 362404$

所以　　　　　$602^2 = 362404$

（3）计算 $507^2 =$ _____。

解：

$$5^2 \times 10000 = 250000$$
$$2 \times 5 \times 7 \times 100 = 7000$$
$$7^2 = 49$$

结果为　　　　　$250000 + 7000 + 49 = 257049$

所以　　　　　$507^2 = 257049$

练习：

（1）计算 $109^2 =$ _____。

（2）计算 $207^2 =$ _____。

（3）计算 $903^2 =$ _____。

13. 中间有 0 的四位数的平方之一

方法：

（1）用 $a0b$ 来表示要计算平方的数，其中 a 为 0 前面的数（a 为两位数），b 为 0 后面的数（b 为一位数）。

（2）结果为 $a^2 \times 10000 + 2ab \times 100 + b^2$。

例子：

（1）计算 $1103^2 =$ _____。

解：

$$11^2 \times 10000 = 1210000$$
$$2 \times 11 \times 3 \times 100 = 6600$$
$$3^2 = 9$$

结果为 $1210000 + 6600 + 9 = 1216609$

所以 $1103^2 = 1216609$

（2）计算 $1502^2 =$ _____。

解：

$$15^2 \times 10000 = 2250000$$
$$2 \times 15 \times 2 \times 100 = 6000$$

$$2^2 = 4$$

结果为 $2250000 + 6000 + 4 = 2256004$

所以 $1502^2 = 2256004$

（3）计算 $2507^2 =$ _____。

解：

$$25^2 \times 10000 = 6250000$$

$$2 \times 25 \times 7 \times 100 = 35000$$

$$7^2 = 49$$

结果为 $6250000 + 35000 + 49 = 6285049$

所以 $2507^2 = 6285049$

练习：

（1）计算 $1109^2 =$ _____。

（2）计算 $2207^2 =$ _____。

（3）计算 $1903^2 =$ _____。

177

14. 中间有 0 的四位数的平方之二

方法：

（1）用 $a0b$ 来表示要计算平方的数，其中 a 为 0 前面的数（a 为一位数），b 为 0 后面的数（b 为两位数）。

（2）结果为 $a^2 \times 1000000 + 2ab \times 1000 + b^2$。

例子：

（1）计算 $1013^2 = $ _____。

解：

$$1^2 \times 1000000 = 1000000$$
$$2 \times 1 \times 13 \times 1000 = 26000$$
$$13^2 = 169$$

结果为　　$1000000 + 26000 + 169 = 1026169$

所以　　　$1013^2 = 1026169$

（2）计算 $5012^2 = $ _____。

解：

$$5^2 \times 1000000 = 25000000$$
$$2 \times 5 \times 12 \times 1000 = 120000$$
$$12^2 = 144$$

结果为　　$25000000 + 120000 + 144 = 25120114$

所以　　　$5012^2 = 25120114$

（3）计算 $2025^2 = $ _____。

解：

$$2^2 \times 1000000 = 4000000$$
$$2 \times 2 \times 25 \times 1000 = 100000$$
$$25^2 = 625$$

结果为　　$4000000 + 100000 + 625 = 4100625$

所以　　　$2025^2 = 4100625$

练习：

(1) 计算 $1019^2 = $ _____。

(2) 计算 $2017^2 = $ _____。

(3) 计算 $9022^2 = $ _____。

15. 十几乘以任意数的速算

方法：

采用竖式乘法并按照下列方法累加。

(1) 乘数(后面的数)首位不动并向下落。

(2) 被乘数(前面的数)的个位乘以乘数的每一个数字，加上下一位数，再向下落。

注：和满十要进一。

例子：

(1) 计算 $13 \times 326 = $ _____。

解：

326 的首位是 3。

其他数字自高位到低位进行如下计算。

$$3 \times 3 + 2 = 11$$

$$3 \times 2 + 6 = 12$$

$$3 \times 6 = 18$$

进位为：1、1、1。

所以 $13 \times 326 = 4238$

（2）计算 $19 \times 1322 = \underline{\qquad}$。

解：

1322 的首位是 1。

其他数字自高位到低位进行如下计算。

$$9 \times 1 + 3 = 12$$

$$9 \times 3 + 2 = 29$$

$$9 \times 2 + 2 = 20$$

$$9 \times 2 = 18$$

进位为：1、3、2、1。

所以 $19 \times 1322 = 25118$

（3）计算 $14 \times 13425 = \underline{\qquad}$。

解：

13425 的首位是 1。

其他数字自高位到低位进行如下计算。

$$4 \times 1 + 3 = 7$$

$$4 \times 3 + 4 = 16$$

$$4 \times 4 + 2 = 18$$

$$4 \times 2 + 5 = 13$$

$$4 \times 5 = 20$$

后面 4 个数字的进位依次为：1、1、1、2。

所以 $14 \times 13425 = 187950$

练习：

（1）计算 $18 \times 251 = $ _____。

（2）计算 $12 \times 1024 = $ _____。

（3）计算 $15 \times 12345 = $ _____。

16．如果除数是 9

方法：

（1）被除数的第一位保持不变。

（2）每一位依次与被除数的下一位相加。

（3）用最后一步得出的数除以 9，加到前面的数字中。

（4）如相加后超过 10 则需进位，如果上一步除以 9 有余数，则表示除不尽，这个余数即为原问题的余数。

例子：

（1）计算 $1125 \div 9 = $ _____。

解：

第一位保持不变，为 1。

用这个 1 与被除数的第二位相加得到：1＋1＝2。

用这个 2 与被除数的第三位相加得到：2＋2＝4。

以此类推，

最后得出的数字为 4＋5＝9。

用这个得数 9 除以 9：9÷9＝1。

把上一步得到的 1 加到前面的数字当中。

得到 124＋1＝125。

所以，1125÷9＝125。

（2）计算 1812159÷9＝_____。

解：

第一位保持不变，为 1。

用这个 1 与被除数的第二位相加得到：1＋8＝9。

用这个 9 与被除数的第三位相加得到：9＋1＝10。

以此类推……下面几位分别是 12、13、18。

最后得出的数字为 18＋9＝27。

用这个得数 27 除以 9：27÷9＝3。

把上一步得到的 3 加到前面的数字当中（记得进位）。

得到 201348＋3＝201351。

所以，1812159÷9＝201351。

（3）计算 3122÷9＝_____。

解：

第一位保持不变，为 3。

用这个 3 与被除数的第二位相加得到：3＋1＝4。

用这个 4 与被除数的第三位相加得到：4＋2＝6。

以此类推……

最后得出的数字为 6＋2＝8。

用这个得数 8 除以 9：8÷9＝0 余 8。

把上一步得到的 0 加到前面的数字当中。

得到 346＋0＝346。

所以，3122÷9＝346 余 8。

练习：

（1）计算 1044÷9＝_____。

（2）计算 255456÷9＝_____。

（3）计算 19181÷9＝_____。

九、图表法

图表法是利用图形或者表格将复杂的数字之间的关系形象地表示出来，以便更加直观、快速地解决问题。它可以使科学知识形象化，抽象知识具体化，零碎知识系列化，复杂问题简明化，便于我们接受、学习和思考。

例如，高三（1）班有 3 名同学参加了数学竞赛，有 8 名同学参加了物理竞赛，两个竞赛都参加的只有 1 人，没有参加任何竞赛的有30人。请问：高三（1）班一共有多少人？

画出如图 1-18 所示的一个图，就可以很容易地看出高三（1）班一共有 2＋1＋

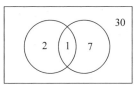

图　1-18

7＋30＝40(人)。

图表法直观可靠,便于分析数形关系,不受逻辑推导限制,思路灵活开阔,运用图表法解决实际问题,可借助直观图形来确定思考方向,寻找思路,求得解决问题的方法。

1. 用格子做加法

方法:

(1) 根据要求的数字的位数画出$(n+2)\times(n+2)$的方格,n为两个加数中较大的数的位数。

(2) 第一行第一列的位置写上"＋",然后在下面的格子里竖着写出第一个加数(每个格子写一个数字,且要保证两个加数的位数一致,如果不足,将少的前面用0补足)。

(3) 第二列空着,留给结果进位使用。

(4) 从第一行第三列的位置开始横着写出第二个加数(每个格子写一个数字)。

(5) 分别将两个加数的各位数字相加,百位加百位,十位加十位,个位加个位。然后把结果写在它们交叉的位置上(超过10则进位写在前面一格中)。

(6) 将所有结果竖着相加,写在对应的最后一行上,即为结果(注意进位)。

例子:

(1) 计算 457＋214＝_____。

解:

如图 1-19 所示,将 214 写在第一列加号的下面,457 写在第一行第三、四、五列。然后对应位置的数字相加,即 2＋4＝6,1＋5＝6,4＋7＝11,分别写在对应的位置上。最后将三个数字竖向相加,得到 671。

所以,457＋214＝671。

(2) 计算 3721＋1428＝_____。

解：

如图 1-20 所示，将 1428 写在第一列加号的下面，3721 写在第一行第三、四、五、六列。然后对应位置的数字相加，即 $1+3=4,4+7=11,2+2=4,1+8=9$，分别写在对应的位置上。最后将四个数字竖向相加，得到 5149。

所以，$3721+1428=5149$。

（3）计算 $358+14=$ _____。

解：

如图 1-21 所示，因为数位不相等，所以在 14 前面加上 0 补足位数。将 014 写在第一列加号的下面，358 写在第一行第三、四、五列。然后对应位置的数字相加，即 $3+0=3,1+5=6,4+8=12$，分别写在对应的位置上。最后将三个数字竖向相加，得到 372。

所以，$358+14=372$。

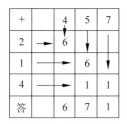
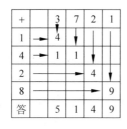
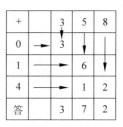

图 1-19   图 1-20   图 1-21

注意：

（1）前面空一位是为进位考虑，在最高位相加大于 10 时向前进位。

（2）两个加数的位数要一致，如果不足，将少的在前面用 0 补足。

练习：

（1）计算 $126+671=$ _____。

（2）计算 $987+126=$ _____。

（3）计算 $1265+529=$ _____。

2. 用节点法做乘法

方法：

（1）将乘数画成向左倾斜的直线，各个数位分别画。

（2）将被乘数画成向右倾斜的直线，各个数位分别画。

（3）两组直线相交有若干的交点，数出每一列交点的个数和。

（4）按顺序写出这些和，即为结果。（这些和都应该为 1 位数，如果超出 1 位，则注意进位）

例子：

（1）计算 $112×231=$ _____。

解：

解法如图 1-22 所示。

所以，$112×231=25872$。

（2）计算 $13×113=$ _____。

解：

解法如图 1-23 所示。

所以，$113×13=1469$。

（3）计算 $211×123=$ _____。

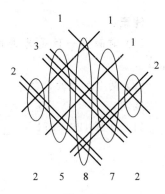

图 1-22

解：

解法如图 1-24 所示。

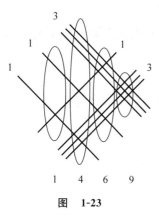

图 1-23

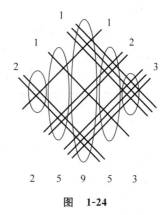

图 1-24

所以，$211 \times 123 = 25953$。

练习：

（1）计算 $111 \times 111 =$ _____。

（2）计算 $121 \times 212 =$ _____。

（3）计算 $1433 \times 112 =$ _____。

3. 用网格法算乘法

方法：

（1）以两位数乘法为例，把被乘数和乘数分别拆分成整十数和个位数，写在网格的上方和左方。

（2）对应的数相乘，将乘积写在格子里。

（3）将所有格子填满之后，计算它们的和，即为结果。

例子：

（1）计算 $12 \times 13 =$ _____。

解：

解法见表 1-1。

表 1-1

×	10	2
10	$10 \times 10 = 100$	$2 \times 10 = 20$
3	$10 \times 3 = 30$	$2 \times 3 = 6$

再把格子里的四个数字相加：

$$100 + 20 + 30 + 6 = 156$$

所以 $\qquad 12 \times 13 = 156$

（2）计算 $52 \times 28 =$ _____。

解：

解法见表 1-2。

表 1-2

×	50	2
20	$50 \times 20 = 1000$	$2 \times 20 = 40$
8	$50 \times 8 = 400$	$2 \times 8 = 16$

再把格子里的四个数字相加：

$$1000 + 40 + 400 + 16 = 1456$$

所以 $\qquad 52 \times 28 = 1456$

（3）计算 $22 \times 123 =$ _____ 。

解：

解法见表1-3。

表 1-3

×	20	2
100	$20 \times 100 = 2000$	$2 \times 100 = 200$
20	$20 \times 20 = 400$	$2 \times 20 = 40$
3	$20 \times 3 = 60$	$2 \times 3 = 6$

再把格子里的六个数字相加：

$$2000 + 200 + 400 + 40 + 60 + 6 = 2706$$

所以 $\qquad 22 \times 123 = 2706$

（4）计算 $586 \times 127 =$ _____ 。

解：

解法见表1-4。

表 1-4

×	500	80	6
100	$500 \times 100 = 50000$	$80 \times 100 = 8000$	$6 \times 100 = 600$
20	$500 \times 20 = 10000$	$80 \times 20 = 1600$	$6 \times 20 = 120$
7	$500 \times 7 = 3500$	$80 \times 7 = 560$	$6 \times 7 = 42$

再把格子里的九个数字相加：

$$50000 + 8000 + 600 + 10000 + 1600 + 120 + 3500 + 560 + 42 = 74422$$

所以 $\qquad 586 \times 127 = 74422$

注意：此方法适用于多位数乘法。

练习：

（1）计算 $625 \times 898 =$ _____ 。

（2）计算 $3655 \times 138 =$ _____。

（3）计算 $3867 \times 925 =$ _____。

4. 用三角格子算乘法

方法：

（1）把被乘数和乘数分别写在格子的上方和右方。

（2）对应的数位相乘，将乘积写在三角格子里，上面写十位数字，下面写个位数字。没有十位的用 0 补足。

（3）斜线延伸处为几个三角格子里的数字的和，这些数字即为乘积中某一位上的数字。

（4）注意进位。

例子：

（1）计算 $54 \times 25 =$ _____。

解：

如图 1-25 所示，将 54 和 25 写在格子的上方和右方。然后分别计算 $4 \times 2 = 08$，将 0 和 8 分别写在对应位置的三角格子里。同理，计算 $5 \times 2 = 10$，将 1 和 0 写在对应位置的三角格子里。再计算 4×5 和 5×5。填满以后，在斜线的延伸处计算相应位置数字的和。即千位上的数字为 1，百位的数字为 $2+0+0=2$，十位上的数字为 $5+2+8=15$（需要进位），个位上的数字为 0，所以结果为 1350。

所以 $54 \times 25 = 1350$

（2）计算 $543 \times 258 =$ _____。

解：

解法如图 1-26 所示。

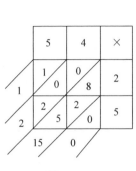

图　1-25

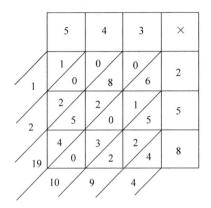

图　1-26

结果为：

1　　2　　19　　10　　9　　4

进位为 140094。

所以　　　　　　　　$543 \times 258 = 140094$

（3）计算 $1024 \times 58 =$ _____。

解：

解法如图 1-27 所示。

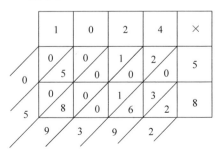

图　1-27

结果为：

$$5 \quad 9 \quad 3 \quad 9 \quad 2$$

所以　　　　　　　　$1024 \times 58 = 59392$

注意：此方法适用于多位数乘法。

练习：

（1）计算 $835 \times 54 = $ _____ 。

（2）计算 $1856 \times 27 = $ _____ 。

（3）计算 $2654 \times 186 = $ _____ 。

5．用面积法做两位数乘法

方法：

（1）把被乘数和乘数十位上数字的整十数相乘。

（2）交叉相乘，即把被乘数的整十数和乘数个位上的数字相乘，再把乘数整十数和被乘数个位上的数字相乘，将两个结果相加。

（3）把被乘数和乘数个位上的数字相乘。

（4）把前三步所得结果加起来，即为结果。

推导：

我们以 $47 \times 32 =$ _____ 为例，可以画出图 1-28 所示图例。

可以看出，图中面积可以分为 a、b、c、d 四个部分，其中 a 部分为被乘数和乘数十位上数字的整十数相乘，b 部分为被乘数个位和乘数整十数相乘，c 部分为乘数个位和被乘数整十数相乘，d 部分为被乘数和乘数个位上数字相乘。和即为结果。

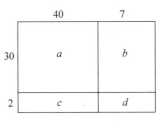

图 1-28

例子：

（1）计算 $39 \times 48 =$ _____。

解：

$$30 \times 40 = 1200$$
$$30 \times 8 + 40 \times 9 = 240 + 360 = 600$$
$$9 \times 8 = 72$$
$$1200 + 600 + 72 = 1872$$

所以 $39 \times 48 = 1872$

（2）计算 $98 \times 21 =$ _____。

解：

$$90 \times 20 = 1800$$
$$90 \times 1 + 20 \times 8 = 90 + 160 = 250$$
$$8 \times 1 = 8$$

$$1800 + 250 + 8 = 2058$$

所以　　　　　　$98 \times 21 = 2058$

（3）计算 $32 \times 17 = $ _____。

解：

$$30 \times 10 = 300$$

$$30 \times 7 + 10 \times 2 = 210 + 20 = 230$$

$$2 \times 7 = 14$$

$$300 + 230 + 14 = 544$$

所以　　　　　　$32 \times 17 = 544$

练习：

（1）计算 $97 \times 47 = $ _____。

（2）计算 $48 \times 74 = $ _____。

（3）计算 $96 \times 87 = $ _____。

6. 十位数相同的两位数相乘

方法:

(1) 把被乘数和乘数十位上数字的整十数相乘。

(2) 把被乘数和乘数个位上的数相加,乘以十位上数字的整十数。

(3) 把被乘数和乘数个位上的数字相乘。

(4) 把前三步所得结果加起来,即为结果。

推导:

我们以 $17 \times 15 =$ _____为例,可以画出图 1-29。

可以看出,上图面积可以分为 a、b、c、d 四个部分,其中 a 部分为被乘数和乘数十位上数字的整十数相乘。b、c 两部分为被乘数和乘数个位上的数相加,乘以十位上数字的整十数。d 部分为被乘数和乘数个位上数字相乘。和即为结果。

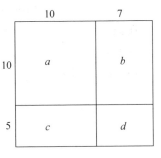

图 1-29

例子:

(1) 计算 $39 \times 38 =$ _____。

解:

$$30 \times 30 = 900$$
$$(9 + 8) \times 30 = 510$$
$$9 \times 8 = 72$$
$$900 + 510 + 72 = 1482$$

所以　　　　　　$39 \times 38 = 1482$

(2) 计算 $19 \times 18 =$ _____。

解:

$$10 \times 10 = 100$$
$$(9 + 8) \times 10 = 170$$

$$9 \times 8 = 72$$
$$100 + 170 + 72 = 342$$

所以　　　　　　$19 \times 18 = 342$

（3）计算 $92 \times 95 =$ _____。

解：　　　　　　$90 \times 90 = 8100$

$$(2 + 5) \times 90 = 630$$

$$2 \times 5 = 10$$

$$8100 + 630 + 10 = 8740$$

所以　　　　　　$92 \times 95 = 8740$

练习：

（1）计算 $31 \times 34 =$ _____。

（2）计算 $42 \times 45 =$ _____。

（3）计算 $62 \times 67 =$ _____。

7. 十位相同个位互补的两位数相乘

方法：

（1）两个乘数的个位上的数字相乘为积的后两位数字（不足用 0 补）。

（2）十位相乘时应按 $N \times (N+1)$ 的方法进行，得到的积直接写在个位相乘所得的积前面。

如 $a3 \times a7$，则先得到 $3 \times 7 = 21$，然后计算 $a \times (a+1)$ 放在 21 前面即可。

口诀：一个头加 1 后，头乘头，尾乘尾。

推导：

我们以 $63 \times 67 = $ _____ 为例，可以画出图 1-30。

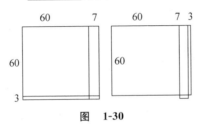

图　1-30

如图 1-30 所示，因为个位数相加为 10，所以可以拼成一个 $a \times (a+10)$ 的长方形，又因为 a 的个位是 0，所以上面大的长方形面积的后两位数一定都是 0，加上多出来的那个小长方形的面积，即为结果。

例子：

（1）计算 $39 \times 31 = $ _____。

解：

$$9 \times 1 = 9$$

$$3 \times (3+1) = 12$$

所以　　　　　$$39 \times 31 = 1209$$

（2）计算 $72 \times 78 = $ _____。

解：

$$2 \times 8 = 16$$

$$7 \times (7+1) = 56$$

197

所以 $72 \times 78 = 5616$

（3）计算 $94 \times 96 =$ _____ 。

解：

$$4 \times 6 = 24$$

$$9 \times (9+1) = 90$$

所以 $94 \times 96 = 9024$

练习：

（1）计算 $91 \times 99 =$ _____ 。

（2）计算 $38 \times 32 =$ _____ 。

（3）计算 $43 \times 47 =$ _____ 。

8. 十位互补个位相同的两位数相乘

方法：

（1）两个乘数的个位上的数字相乘为积的后两位数字（不足用 0 补）。

（2）两个乘数的十位上的数字相乘后加上个位上的数字为百位

和千位数字。

口诀：头乘头加尾，尾乘尾。

例子：

(1) 计算 $93 \times 13 =$ _____。

解：

$$9 \times 1 + 3 = 12$$
$$3 \times 3 = 9$$

所以 $\qquad 93 \times 13 = 1209$

(2) 计算 $27 \times 87 =$ _____。

解：

$$2 \times 8 + 7 = 23$$
$$7 \times 7 = 49$$

所以 $\qquad 27 \times 87 = 2349$

(3) 计算 $74 \times 34 =$ _____。

解：

$$7 \times 3 + 4 = 25$$
$$4 \times 4 = 16$$

所以 $\qquad 74 \times 34 = 2516$

练习：

(1) 计算 $95 \times 15 =$ _____。

(2) 计算 $37 \times 77 =$ _____。

(3) 计算 $21 \times 81 = $ _____。

9. 十位互补个位不同的两位数相乘

方法：

(1) 先确定乘数与被乘数，把个位数大的当被乘数，个位数小的当乘数。

(2) 前两位为被乘数的头和乘数的头相乘加上乘数的个位数。

(3) 后两位为被乘数的尾数与乘数的尾数相乘。

(4) 再用被乘数的尾数减乘数的尾数，乘以乘数的整十数。

(5) 用(2)、(3)两步得到的四位数加上上一步得到的积。

例子：

(1) 计算 $38 \times 75 = $ _____。

解：

38 为被乘数，75 为乘数。

$$3 \times 7 + 5 = 26$$
$$8 \times 5 = 40$$
$$(8 - 5) \times 70 = 210$$

所以　　　　$38 \times 75 = 2640 + 210 = 2850$

(2) 计算 $84 \times 29 = $ _____。

解：

29 为被乘数，84 为乘数。

$$2 \times 8 + 4 = 20$$
$$4 \times 9 = 36$$
$$(9 - 4) \times 80 = 400$$

所以　　　　$84 \times 29 = 2036 + 400 = 2436$

（3）计算 $22 \times 81 =$ _____。

解：

22 为被乘数，81 为乘数。

$$2 \times 8 + 1 = 17$$
$$2 \times 1 = 2$$
$$(2 - 1) \times 80 = 80$$

所以 $22 \times 81 = 1702 + 80 = 1782$

练习：

（1）计算 $57 \times 54 =$ _____。

（2）计算 $73 \times 31 =$ _____。

（3）计算 $29 \times 81 =$ _____。

10. 一个首尾相同另一个首尾互补的两位数相乘

方法：

（1）假设被乘数首尾相同，则乘数首位加 1，得出的和与被乘数首位相乘，得数为前积（千位和百位）。

（2）两尾数相乘，得数为后积（十位和个位），没有十位用 0 补。

（3）如果被乘数首尾互补，乘数首尾相同，则交换一下被乘数与乘数的位置即可。

例子：

（1）计算 $66 \times 37 =$ _____。

解：

$$(3+1) \times 6 = 24$$
$$6 \times 7 = 42$$

所以 $\qquad 66 \times 37 = 2442$

（2）计算 $99 \times 19 =$ _____。

解：

$$(1+1) \times 9 = 18$$
$$9 \times 9 = 81$$

所以 $\qquad 99 \times 19 = 1881$

（3）计算 $46 \times 99 =$ _____。

解：

$$(4+1) \times 9 = 45$$
$$6 \times 9 = 54$$

所以 $\qquad 46 \times 99 = 4554$

练习：

（1）计算 $82 \times 33 =$ _____。

（2）计算 $91 \times 55 =$ _____。

（3）计算 $88 \times 37 =$ _____。

11. 扩展：一个各位数相同的数乘以一个首尾互补的两位数

数字相同的那个数字不再限定是两位数了。

方法：

（1）前两位为互补的数字头加 1，与相同数的任意一位数字相乘。

（2）后两位为互补的数字的尾与相同数的任意一位数字相乘。

（3）中间的数字位数为相同数的位数减 2，数字不变。

例子：

（1）计算 $46 \times 5555555 =$ _____。

解：

$$(4 + 1) \times 5 = 25$$

$$6 \times 5 = 30$$

5555555 中有 7 个 5，而 $7 - 2 = 5$，因此中间写 5 个 5。

所以　　　　　$46 \times 5555555 = 255555530$

（2）计算 $37 \times 66 =$ _____。

解：

$$(3 + 1) \times 6 = 24$$

$$7 \times 6 = 42$$

66 有 2 个 6，而 $2 - 2 = 2$，因此中间写 0 个 6。

所以　　　　　　　　$37 \times 66 = 2442$

（3）计算 $82 \times 77777777 =$ _____。

解：

$$(8 + 1) \times 7 = 63$$

$$2 \times 7 = 14$$

77777777 有 8 个 7，即 $8-2=6$，因此中间写 6 个 7。

所以 $\qquad 82 \times 77777777 = 6377777714$

12. 扩展：一个数为相同数的两位数，一个数为两互补数循环的乘法

方法：

（1）前两位为相同数的任意一位乘以互补数的首位加 1。

（2）后两位为相同数的任意一位乘以互补数的尾数。

（3）中间数字替换成相同数的任意一位数，位数为互补数的位数减 2。

例子：

（1）计算 $88 \times 646464 = \underline{\qquad}$。

解：

$$8 \times (6+1) = 56$$

$$8 \times 4 = 32$$

中间加 4 个 8。

所以 $\qquad 88 \times 646464 = 56888832$

（2）计算 $99 \times 37373737 = \underline{\qquad}$。

解：

$$9 \times (3+1) = 36$$

$$9 \times 7 = 63$$

中间加 6 个 9。

所以 $\qquad 99 \times 37373737 = 3699999963$

（3）计算 $55 \times 1919 = \underline{\qquad}$。

解：

$$5 \times (1+1) = 10$$

$$5 \times 9 = 45$$

中间加两个 5。

所以 $\qquad 55 \times 1919 = 105545$

13. 尾数为1的两位数相乘

方法：

（1）十位与十位相乘，得数为前积（千位和百位）。

（2）十位与十位相加，得数与前积相加，满十进一。

（3）加上1（尾数相乘，始终为1）。

口诀：头乘头，头加头，尾乘尾。

例子：

（1）计算 $51 \times 31 =$ _____ 。

解：

$$50 \times 30 = 1500$$
$$50 + 30 = 80$$

所以　　　　$51 \times 31 = 1500 + 80 + 1 = 1581$

注意：十位相乘时，数字0在不熟练的时候可以作为助记符，熟练后就可以不使用了。

（2）计算 $81 \times 91 =$ _____ 。

解：

$$80 \times 90 = 7200$$
$$80 + 90 = 170$$

所以　　　　$81 \times 91 = 7200 + 170 + 1 = 7371$

或者

$$8 \times 9 = 72$$
$$80 + 90 = 170$$

答案顺着写即可（记得170的1要进位）：7370。

所以　　　　$81 \times 91 = 7370 + 1 = 7371$

（3）计算 $51 \times 71 =$ _____ 。

解：

$$5 \times 7 = 35$$
$$50 + 70 = 120$$

所以　　　　$51 \times 71 = 3621$

练习：

（1）计算 $21 \times 61 =$ _____。

（2）计算 $31 \times 91 =$ _____。

（3）计算 $81 \times 41 =$ _____。

14. 11～19 之间的整数相乘

方法：

（1）把被乘数跟乘数的个位数加起来。

（2）把被乘数的个位数乘以乘数的个位数。

（3）把第（1）步的答案乘以 10。

（4）加上第（2）步的答案即可。

口诀：头乘头，尾加尾，尾乘尾。

推导：

我们以 $18 \times 17 =$ _____为例，可以画出图 1-31。

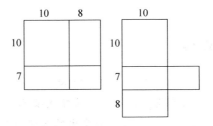

图 1-31

　　如图 1-31 所示,可以拼成一个 $10 \times (17+8)$ 的长方形,再加上多出来的那个小长方形的面积,即为结果。

例子:

(1) 计算 $19 \times 13 =$ _____。

解:

$$19 + 3 = 22$$
$$9 \times 3 = 27$$
$$22 \times 10 + 27 = 247$$

所以　　　　　　　　　$19 \times 13 = 247$

(2) 计算 $19 \times 19 =$ _____。

解:

$$19 + 9 = 28$$
$$9 \times 9 = 81$$
$$28 \times 10 + 81 = 361$$

所以　　　　　　　　　$19 \times 19 = 361$

(3) 计算 $11 \times 14 =$ _____。

解:

$$11 + 4 = 15$$
$$1 \times 4 = 4$$
$$15 \times 10 + 4 = 154$$

所以　　　　　　　　　$11 \times 14 = 154$

　　就这样,用心算就可以很快地算出 11×11 到 19×19 了。真是

太神奇了!

扩展阅读

19×19 段乘法表

我们的乘法口诀只需背到 9×9,而印度要求背到 19×19,也许你会不知道怎么办。别急,应用上面给出的方法,你也能很容易地计算出来,试试看吧!

下面我们将 19×19 段乘法表列出给大家参考,见图 1-32。

*	1	2	3	4	5	6	7	8	9	10	11	12	13	14	15	16	17	18	19
1	1	2	3	4	5	6	7	8	9	10	11	12	13	14	15	16	17	18	19
2	2	4	6	8	10	12	14	16	18	20	22	24	26	28	30	32	34	36	38
3	3	6	9	12	15	18	21	24	27	30	33	36	39	42	45	48	51	54	57
4	4	8	12	16	20	24	28	32	36	40	44	48	52	56	60	64	68	72	76
5	5	10	15	20	25	30	35	40	45	50	55	60	65	70	75	80	85	90	95
6	6	12	18	24	30	36	42	48	54	60	66	72	78	84	90	96	102	108	114
7	7	14	21	28	35	42	49	56	63	70	77	84	91	98	105	112	119	126	133
8	8	16	24	32	40	48	56	64	72	80	88	96	104	112	120	128	136	144	152
9	9	18	27	36	45	54	63	72	81	90	99	108	117	126	135	144	153	162	171
10	10	20	30	40	50	60	70	80	90	100	110	120	130	140	150	160	170	180	190
11	11	22	33	44	55	66	77	88	99	110	121	132	143	154	165	176	187	198	209
12	12	24	36	48	60	72	84	96	108	120	132	144	156	168	180	192	204	216	228
13	13	26	39	52	65	78	91	104	117	130	143	156	169	182	195	208	221	234	247
14	14	28	42	56	70	84	98	112	126	140	154	168	182	196	210	224	238	252	266
15	15	30	45	60	75	90	105	120	135	150	165	180	195	210	225	240	255	270	285
16	16	32	48	64	80	96	112	128	144	160	176	192	208	224	240	256	272	288	304
17	17	34	51	68	85	102	119	136	153	170	187	204	221	238	255	272	289	306	323
18	18	36	54	72	90	108	126	144	162	180	198	216	234	252	270	288	306	324	342
19	19	38	57	76	95	114	133	152	171	190	209	228	247	266	285	304	323	342	361

图 1-32

练习：

（1）计算 $12 \times 17 =$ _____。

（2）计算 $14 \times 18 =$ _____。

（3）计算 $11 \times 16 =$ _____。

15. 100～110 之间的整数相乘

方法：

（1）被乘数加乘数个位上的数字。

（2）个位上的数字相乘。

（3）第(2)步的得数写在第(1)步得数之后。

推导：

我们以 $108 \times 107 =$ _____为例，可以画出图 1-33。

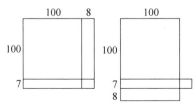

图 1-33

如图 3-33 所示,可以拼成一个 $100\times(107+8)$ 的长方形,因为一个数乘以 100 的后两位数一定都是 0,所以在后面直接加上多出来的那个小长方形的面积,即为结果。

例子：

（1）计算 $109\times103=$ _____。

解：

$$109+3=112$$
$$9\times3=27$$

所以 $\quad\quad 109\times103=11227$

（2）计算 $102\times101=$ _____。

解：

$$102+1=103$$
$$2\times1=2$$

所以 $\quad\quad 102\times101=10302$

（3）计算 $108\times107=$ _____。

解：

$$108+7=115$$
$$8\times7=56$$

所以 $\quad\quad 108\times107=11556$

练习：

（1）计算 $102\times110=$ _____。

（2）计算 $101\times109=$ _____。

（3）计算 $105 \times 104 =$ _____。

十、特殊值法

特殊值法又叫特值法，即通过假设题目中某个未知量为特殊值，从而通过简单的运算，得出最终答案的一种方法。若问题的选择对象是针对一般情况给出的，则可选择合适的特殊数、特殊点、特殊数列、特殊图形等对结论加以检验，从而做出正确判断。即在题目所给的取值范围内，找一个特殊的、可以使运算简单的数字代入到题目中去，从而简化运算。

对于有情况讨论的题目，可以代入相应的特殊值，结合排除法进行。这个特殊值必须满足三个条件：首先，无论这个量的值是多少，对最终结果所要求的量的值没有影响；其次，这个量应该要跟最终结果所要求的量有相对紧密的联系；最后，这个量在整个题干中给出的等量关系是一个不可或缺的量。

例子：

某种白酒中的酒精浓度为 20%，加入一满杯水后，测得酒精浓度为 15%。再加入同样一满杯水，此时酒精浓度为_____。

A. 10%　　　　B. 12%　　　　C. 12.5%　　　　D. 13%

解：

解答这样的问题，我们可以假设第一次加水后得到 100 克溶液，其中酒精 15 克，水 85 克。则加水前溶液一共有 $15 \div 20\% = 75$（克），即加水 $100 - 75 = 25$（克）。

所以第二次加水后浓度为：$15 \div (100 + 25) = 12\%$，答案为 B。

在数学计算中，由于很多题目都是选择题，而且答案一般具有唯一性，所以很多时候，我们可以通过观察题目与选项的关系，运用特殊值法求解。这样可以绕开烦琐的推理运算过程,简单、直接、准确、快速地得出答案。

再比如,当我们计算某些复杂的题目时,一时找不出规律,可以从数目较小的特殊情况入手,研究题目的特点,找出其一般规律,再推出原题目的结果。

例如,计算下面方阵中所有的数的和,如图 1-34 所示。

1	2	3	…	100
2	3	…	…	…
3	…	…	…	…
…	…	…	…	…
100	…	…	…	199

图　1-34

这是一个 100×100 的大方阵,数字很多,关系较为复杂。为了计算方阵所有数的和,我们不妨先化大为小,再由小推大。

所以,我们先观察一个与这个规律相同的 5×5 方阵,如图 1-35 所示。

1	2	3	4	5
2	3	4	5	6
3	4	5	6	7
4	5	6	7	8
5	6	7	8	9

图　1-35

我们可以斜着看,其中一条对角线上有五个 5,它们的和是 25。

这时,如果将这条对角线右下面的部分剪下来,拼到左面去,让第一斜行的 1 与第六斜行的四个 6 成为一组,让第二斜行的两个 2 与第七斜行的三个 7 成为一组,让第三斜行的三个 3 与第八斜行的两个 8 成为一组……

你会发现,这五个斜行,每行的五个数之和都是 25。所以,5×5

方阵的所有数之和为 $25 \times 5 = 125$，即 5^3。

于是，我们很容易就可以推导出大的 100×100 方阵所有数之和为 $100^3 = 1000000$。

这些特殊值法相对来说比较简单，在这里只简单介绍一下，而本节主要讨论一些题目本身具有很大特殊性的"特殊问题"的解法技巧。

1. 一些特殊的分数转换成小数

这些分数很特殊，也很常用，所以建议大家把它们记住。

（1）分母为 2 的分数转换成小数
$$1/2 = 0.5$$

（2）分母为 3 的分数转换成小数
$$1/3 = 0.333\cdots, 2/3 = 0.666\cdots$$

（3）分母为 4 的分数转换成小数
$$1/4 = 0.25, 2/4 = 1/2 = 0.5, 3/4 = 0.75$$

（4）分母为 5 的分数转换成小数
$$1/5 = 0.2, 2/5 = 0.4, 3/5 = 0.6, 4/5 = 0.8$$

（5）分母为 6 的分数转换成小数
$$1/6 = 0.1666\cdots, 2/6 = 1/3 = 0.333\cdots, 3/6 = 1/2 = 0.5,$$
$$4/6 = 2/3 = 0.666\cdots, 5/6 = 0.8333\cdots$$

（6）分母为 8 的分数转换成小数
$$1/8 = 0.125, 2/8 = 1/4 = 0.25, 3/8 = 0.375, 4/8 = 1/2 = 0.5,$$
$$5/8 = 0.625, 6/8 = 3/4 = 0.75, 7/8 = 0.875$$

（7）分母为 9 的分数转换成小数
$$1/9 = 0.111\cdots, 2/9 = 0.222\cdots, 3/9 = 0.333\cdots, 4/9 = 0.444\cdots,$$
$$5/9 = 0.555\cdots, 6/9 = 0.666\cdots, 7/9 = 0.777\cdots, 8/9 = 0.888\cdots$$

（8）分母为 10 的分数转换成小数
$$1/10 = 0.1, 2/10 = 0.2, 3/10 = 0.3, 4/10 = 0.4, 5/10 = 0.5,$$
$$6/10 = 0.6, 7/10 = 0.7, 8/10 = 0.8, 9/10 = 0.9$$

（9）分母为 11 的分数转换成小数
$$1/11 = 0.0909\cdots, 2/11 = 0.1818\cdots, 3/11 = 0.2727\cdots, 4/11 = 0.3636\cdots,$$

$5/11 = 0.4545\cdots,6/11 = 0.5454\cdots,7/11 = 0.6363\cdots,8/11 = 0.7272\cdots,$
$9/11 = 0.8181\cdots,10/11 = 0.9090\cdots$

（10）分母为 7 的分数转换成小数

这个比较特殊，$1/7 = 1.142857142857$ 循环，记住这一个即可，其他的可以用 $1/7$ 的小数乘以相应的数得到。

记住这些有什么好处呢？它会方便我们计算一些除法，让我们快速得到答案。

例子：

计算 $17 \div 8 =$ _____。

解：

$$17 \div 8 = 2 \text{ 余 } 1$$

因为，$\qquad\qquad 1 \div 8 = 0.125$

所以，$\qquad\qquad 17 \div 8 = 2.125$

同理，任何整数除以 8，如果不能被整除，就有余数。

- 若有余数是 1，小数点后边肯定是 0.125。
- 若有余数是 2，小数点后边肯定是 0.25。
- 若有余数是 3，小数点后边肯定是 0.375。
- 若有余数是 4，小数点后边肯定是 0.5。
- 若有余数是 5，小数点后边肯定是 0.625。
- 若有余数是 6，小数点后边肯定是 0.75。
- 若有余数是 7，小数点后边肯定是 0.875。

2. 扩展：如果除数是 11

我们先看看下列的算式：

$$1 \div 11 = 0.0909\cdots$$
$$2 \div 11 = 0.1818\cdots$$
$$3 \div 11 = 0.2727\cdots$$
$$\cdots$$

由以上算式的规律不难看出，任何数除以 11 如果除不尽，有余数，商的小数部分就是这个余数乘以 $0.09\cdots\cdots$

例子：

计算 $47 \div 11 =$ _____。

解：

先把被除数 47 能被 11 整除的部分 44 和余数 3 分解开，得到商 4 余 3，然后用余数 3 乘以 0.09……，得到的积与商 4 相加，便是结果。所以：

$$47 \div 11$$
$$=(44+3) \div 11$$
$$=4+0.2727\cdots$$
$$=4.2727\cdots$$

3. 扩展：如果除数是 99

同理，我们来看看下列的算式。

$$1 \div 99 = 0.0101\cdots$$
$$2 \div 99 = 0.0202\cdots$$
$$3 \div 99 = 0.0303\cdots$$
$$\cdots$$

由以上算式的规律不难看出，任何数除以 99 如果除不尽，有余数，商的小数部分就是这个余数乘以 0.0101…

例子：

计算 $135 \div 99 =$ _____。

解：

先把被除数 $135 \div 99$ 的商和余数分别算出来，商是 1，余数为 36，然后用 $36 \times 0.01\cdots$ 与商的整数相加，便是结果。所以：

$$135 \div 99$$
$$=1+0.3636\cdots$$
$$=1.3636\cdots$$

4. 用一句话记住圆周率

3 月 14 日是国际圆周率日，英文叫 Pi Day。这一天是庆祝圆周率 π 的特别日子。π 的存在是个奇迹，无论一个圆多大，它的周长和直径之比总是固定的，等于 π。

但是，π 的数值是个无限不循环小数，根据我们平时计算所需的精度,要求我们记住不同精度的数值。我们平时的生活和学习中,最常用的只需记住小数点后两位,即 π 取值为 3.14。那么,3.14 后面的数字是多少呢?我们怎么来快速记忆这些数字呢?下面给大家介绍一个用来快速记住圆周率的窍门。

(1)记住小数点后 6 位

"我多么希望我可以算出圆周率。"

把这句话翻译成英文:"How I wish I could calculate Pi."。

你会发现,如果你记住了这句英文,你就记住了圆周率小数点后的 6 位数字。因为你只需要数一下这句话的 7 个单词里分别有多少个英文字母即可。

How	I	wish	I	could	calculate	Pi
3	1	4	1	5	9	2

(2)记住小数点后 30 位

除了用英文记住 π 的小数点后六位数字,我们还可以用中文谐音记法来记住圆周率小数点后的 30 位。

圆周率小数点后的 30 位分别为:3.141592653589793238462643383279。

谐音记法:山巅一寺一壶酒(3.14159),尔乐苦煞吾(26535),把酒吃(897),酒杀尔(932),杀不死(384),遢尔遢死(6264),扇扇刮(338),扇耳吃酒(3279)。

只要你记住这个顺口溜,就可以记住圆周率小数点后的 30 位数字了。

(3)小数点后 1000 位

下面,我们送上小数点后 1000 位,想挑战自己的,可以拿来参考。

π=3.
1415926535 8979323846
2643383279 5028841971
6939937510 5820974944
5923078164 0628620899
8628034825 3421170679
8214808651 3282306647
0938446095 5058223172

5359408128 4811174502
8410270193 8521105559
6446229489 5493038196
4428810975 6659334461
2847564823 3786783165
2712019091 4564856692
3460348610 4543266482
1339360726 0249141273
7245870066 0631558817
4881520920 9628292540
9171536436 7892590360
0113305305 4882046652
1384146951 9415116094
3305727036 5759591953
0921861173 8193261179
3105118548 0744623799
6274956735 1885752724
8912279381 8301194912
9833673362 4406566430
8602139494 6395224737
1907021798 6094370277
0539217176 2931767523
8467481846 7669405132
0005681271 4526356082
7785771342 7577896091
7363717872 1468440901
2249534301 4654958537
1050792279 6892589235
4201995611 2129021960
8640344181 5981362977

4771309960 5187072113

4999999837 2978049951

0597317328 1609631859

5024459455 3469083026

4252230825 3344685035

2619311881 7101000313

7838752886 5875332083

8142061717 7669147303

5982534904 2875546873

1159562863 8823537875

9375195778 1857780532

1712268066 1300192787

6611195909 2164201989

（小数点后 1000 位，略）

5．神奇的数字规律

我们经常会听到有人说：我对数字不敏感。而并不是说记忆力差，古诗词、文言文、英语单词都能记得住，唯独那几个数字，就是记不下来。还有的人除了自己的电话，没有一个号码能够记住；除了自己的生日，家人朋友的生日没有一个能够记住！随便给出几个数字组合，当时记了几遍，只要一做其他的事情，回头必忘！三位数乘除法笔算，错误率 80％以上。甚至九九乘法口诀表偶尔都会出错。不是不去记，而是实在没办法，一看到数字就头疼，记不住。这就是典型的对数字不敏感。

我们记忆一件事物大多用理解记忆法。学习数学知识也是这样，只有深刻理解了的内容才能牢固地记住它。记忆的全面性、牢固性、精确性及迅速有效性，依赖于学习者对内容理解的程度。

德国著名心理学家艾宾浩斯在做记忆的实验中发现：为了记住 12 个无意义音节，平均需要重复 16.5 次；为了记住 36 个无意义章节，需重复 54 次；而如果记忆有意义的内容，比如说六首诗，包含

480个音节,平均却只需要重复8次。

所以,想要记得更迅速、全面而牢固,首先要理解它。不然,没有理解,记忆就像一盘散沙一样,只是死记硬背,是一件费力不讨好的事。

我们平常说泰国的首都曼谷,实际上这是一个简称,泰国首都的全称是"共台甫马哈那坤奔地娃劳狄希阿由他亚马哈底陆浦改劝辣塔尼布黎隆乌冬帕拉查尼卫马哈洒坦",共四十一个字。

要把这四十一个字都背下来,可不是一件容易的事,恐怕比记圆周率小数点之后四十一位还要难得多。

那些对数字不敏感的人,就是对数字之间的关系没能找到逻辑上的联系。所以那一串串数字,在他眼中都是一个个独立的、无意义、无联系的个体。再加上它们看上去是那么相似,难免就会搞混了。

要想对数字敏感,需要你长时间的观察、积累和总结。这样,你就能够迅速地介入到数据之中,如果这些数字包含了某种简洁的计算规律,它就会马上在你的脑海里形成数据的规律性。

其实,那些看上去简单的数字是很神奇的,里面经常会蕴含各种你意想不到的数字规律。

1）神奇的 3

$$3 \times 3 = 9$$
$$33 \times 33 = 1089$$
$$333 \times 333 = 110889$$
$$3333 \times 3333 = 11108889$$
$$33333 \times 33333 = 1111088889$$
$$333333 \times 333333 = 111110888889$$
$$3333333 \times 3333333 = 11111108888889$$
$$33333333 \times 33333333 = 1111111088888889$$

2）神奇的 9

$$9 \times 1 = 09$$
$$9 \times 2 = 18$$

$9 \times 3 = 27$

$9 \times 4 = 36$

$9 \times 5 = 45$

$9 \times 6 = 54$

$9 \times 7 = 63$

$9 \times 8 = 72$

$9 \times 9 = 81$

$99 \times 1 = 099$

$99 \times 2 = 198$

$99 \times 3 = 297$

$99 \times 4 = 396$

$99 \times 5 = 495$

$99 \times 6 = 594$

$99 \times 7 = 693$

$99 \times 8 = 792$

$99 \times 9 = 891$

$99 \times 11 = 1089$

$99 \times 12 = 1188$

$99 \times 13 = 1287$

$99 \times 14 = 1386$

$99 \times 15 = 1485$

$99 \times 16 = 1584$

$99 \times 17 = 1683$

$99 \times 18 = 1782$

$99 \times 19 = 1881$

根据这个结果,我们可以找出一个任意的两位数乘以 99 所得结果的规律。

方法：

（1）将乘数减掉 1。

（2）计算出乘数相对于 100 的补数。

（3）将上两步得到的结果合在一起即可。

例子：

（1）计算 $99 \times 85 =$ _____。

解：

$$85 - 1 = 84$$

85 相对于 100 的补数为 15，所以结果为 8415。

所以　　　　　　　　$99 \times 85 = 8415$

（2）计算 $99 \times 88 =$ _____。

解：

$$88 - 1 = 87$$

88 相对于 100 的补数为 12，所以结果为 8712。

所以　　　　　　　　$99 \times 88 = 8712$

（3）计算 $99 \times 25 =$ _____。

解：

$$25 - 1 = 24$$

25 相对于 100 的补数为 75，所以结果为 2475。

所以　　　　　　　　$99 \times 25 = 2475$

这个方法对多位数乘法也同样适用，只是求补数的时候要相应地做些变化。而且记住一定要满足以下两个条件。

（1）相乘的两个数中一个数必须都是 9。

（2）两个数的数位必须相同。

例子：

（1）计算 $9999 \times 7685 =$ _____。

解：

$$7685 - 1 = 7684$$

7685 相对于 10000 的补数为 2315，所以结果为 76842315。

所以　　　　　　$9999 \times 7685 = 76842315$

（2）计算 9999999×9876543＝_____。

解：

$$9876543 － 1 ＝ 9876542$$

9876543 相对于 10000000 的补数为 0123457，所以结果为 98765420123457。

所以　　　9999999×9876543＝98765420123457

（3）计算 99999×55555＝_____。

解：

$$55555 － 1 ＝ 55554$$

55555 相对于 100000 的补数为 44445，所以结果为 5555444445。

所以　　　　99999×55555＝5555444445

3）数字金字塔

$$3×9＋6＝33$$
$$33×99＋66＝3333$$
$$333×999＋666＝333333$$
$$3333×9999＋6666＝33333333$$
$$33333×99999＋66666＝3333333333$$

$$123456789×9＋10＝1111111111$$
$$12345678×9＋9＝111111111$$
$$1234567×9＋8＝11111111$$
$$123456×9＋7＝1111111$$
$$12345×9＋6＝111111$$
$$1234×9＋5＝11111$$
$$123×9＋4＝1111$$
$$12×9＋3＝111$$
$$1×9＋2＝11$$

$$123456789×8＋9＝987654321$$
$$12345678×8＋8＝98765432$$
$$1234567×8＋7＝9876543$$

$$123456 \times 8 + 6 = 987654$$
$$12345 \times 8 + 5 = 98765$$
$$1234 \times 8 + 4 = 9876$$
$$123 \times 8 + 3 = 987$$
$$12 \times 8 + 2 = 98$$
$$1 \times 8 + 1 = 9$$

$$123456789 \times 81 + 9 \times 10 = 9999999999$$
$$12345678 \times 72 + 8 \times 9 = 888888888$$
$$1234567 \times 63 + 7 \times 8 = 77777777$$
$$123456 \times 54 + 6 \times 7 = 6666666$$
$$12345 \times 45 + 5 \times 6 = 555555$$
$$1234 \times 36 + 4 \times 5 = 44444$$
$$123 \times 27 + 3 \times 4 = 3333$$
$$12 \times 18 + 2 \times 3 = 222$$
$$1 \times 9 + 1 \times 2 = 11$$

4) 重复的数字

$$101 \times 11 = 1111$$
$$101 \times 22 = 2222$$
$$101 \times 33 = 3333$$
$$101 \times 44 = 4444$$
$$101 \times 55 = 5555$$
$$101 \times 66 = 6666$$
$$101 \times 77 = 7777$$
$$101 \times 88 = 8888$$
$$101 \times 99 = 9999$$

$$1001 \times 111 = 111111$$
$$1001 \times 222 = 222222$$
$$1001 \times 333 = 333333$$

$$1001 \times 444 = 444444$$
$$1001 \times 555 = 555555$$
$$1001 \times 666 = 666666$$
$$1001 \times 777 = 777777$$
$$1001 \times 888 = 888888$$
$$1001 \times 999 = 999999$$

$$12345679 \times 9 = 111111111$$
$$12345679 \times 18 = 222222222$$
$$12345679 \times 27 = 333333333$$
$$12345679 \times 36 = 444444444$$
$$12345679 \times 45 = 555555555$$
$$12345679 \times 54 = 666666666$$
$$12345679 \times 63 = 777777777$$
$$12345679 \times 72 = 888888888$$
$$12345679 \times 81 = 999999999$$
$$12345679 \times 90 = 1111111110$$

以上这些数的结果也许我们在平时的作业中或者在现实生活中并不会经常用到。但它特殊的形式和规律，对提高你的数学兴趣和掌握数字之间的奥秘大有裨益。

6. 十位是 5 的两位数的平方

方法：

（1）前两位为个位加 25。

（2）后两位为个位数的平方，不足两位补 0。

例子：

（1）计算 $53^2 = $ _____。

解：

$$3 + 25 = 28$$
$$3 \times 3 = 9$$

所以　　　　　　　　$53^2 = 2809$

（2）计算 $54^2 = $ _____ 。

解：

$$4 + 25 = 29$$
$$4 \times 4 = 16$$

所以　　　　　　　　$54^2 = 2916$

（3）计算 $55^2 = $ _____ 。

解：

$$5 + 25 = 30$$
$$5 \times 5 = 25$$

所以　　　　　　　　$55^2 = 3025$

练习：

（1）计算 $57^2 = $ _____ 。

（2）计算 $51^2 = $ _____ 。

（3）计算 $58^2 = $ _____ 。

十一、估算法

什么是估算？估算就是在精确度要求不太高的情况下进行粗略地估值，也就是大致推算。估算一般有三种情况：一是推算最大值；二是推算最小值；三是推算大约多少。

"估算法"毫无疑问是速算第一法，也是学生计算能力中很重要的一个方面，在所有计算进行之前都要首先考虑能否先行估算。一般在选择题中选项相差较大，或者在被比较的数据相差较大的情况下使用。比如对于一些选择题，我们可以根据数量关系、各数字之间的特性等判断出答案的一个大致范围，然后结合选项提供的信息来得出唯一的正确答案。

还有的估算是要先对参与计算的数值取其近似值，把一个比较复杂的计算题变成可以口算的简单计算，得出一个近似值。如估算 32×55 的最大值，可以把它们都放大一些，按比原来大的整十数来计算，所以最大是 $40 \times 60 = 2400$；要估算 32×55 的最小值，把它们都缩小一些，按比原来小的整十数计算，所以最小是 $30 \times 50 = 1500$；至于大约等于多少，可以采用"四舍五入法"取接近的数来计算，大约为 $30 \times 60 = 1800$；如果想精度高一点，还可以只四舍五入一个数，变成 $30 \times 55 = 1650$ 左右。

进行估算的前提是选项或者待比较的数字相差必须比较大，并且这个差别的大小决定了"估算"时候的精度要求。一般来说，各元素的大小关系较为隐蔽，需要经过一定的对比分析才能得到。

估算的功能分为两方面，一是数学上的功能，例如培养数感（如判断 $24 \times 12 = 2408$ 计算结果的合理性），为精确计算作准备（如要计算 $492 \div 12$ 时，往往先用 $480 \div 10$ 或 $490 \div 10$ 或 $500 \div 10$ 来试商）。二是估算在生活中的应用，当无法精确计算或没有必要精确计算时，有时用估算也能解决问题。

1. 除数是两位数的除法巧妙试商

除法的目的是求商，但从被除数中突然看不出含有多少商时，可以试商。如果除数是两位数的除法,可以采用下面一些巧妙试商方法,提高计算速度。

方法:

1)用"商五法"试商

(1)当除数(两位数)的10倍的一半与被除数相等(或相近)时,可以直接试商5。

(2)当被除数前两位不够除,且被除数的前两位恰好等于(或接近)除数的一半时,可以直接试商5。

例子:

(1)计算 $70 \div 14 = $ _____。

解:

符合"用'商五法'试商"的第(1)条,$140 \div 2 = 70$,正好与被除数相等。

所以,$70 \div 14 = 5$。

(2)计算 $2385 \div 45 = $ _____。

解:

符合"用'商五法'试商"的第(2)条,前两位不够除,而且23与45的一半很接近。

可以试商5。

所以,$2385 \div 45 = 53$。

2)同头无除则商为8或9

方法:

被除数和除数最高位上的数字相同,且被除数的前两位不够除。这时,商定在被除数高位数起的第三位上面,直接得商为8或商为9。

例子:

(1)计算 $5742 \div 58 = $ _____。

解:

被除数和除数最高位上的数字相同,且被除数的前两位不够除,可以在第三位上试商8或9。

所以,$5742 \div 58 = 99$。

(2)计算 $4176 \div 48 = $ _____。

227

解：

被除数和除数最高位上的数字相同，且被除数的前两位不够除，可以在第三位上试商 8 或 9。

所以，$4176 \div 48 = 87$。

3）用"商九法"试商

方法：

当被除数的前两位数字临时组成的数小于除数，且前三位数字临时组成的数与除数之和大于或等于除数的 10 倍时，可以一次定商为 9。

例子：

（1）计算 $4508 \div 49 = \underline{\qquad}$。

解：

因为 $45 < 49$，且 $450 + 49 = 499 > 490$，所以被除数的第三位上可以商 9。

所以，$4508 \div 49 = 92$。

（2）计算 $6480 \div 72 = \underline{\qquad}$。

解：

因为 $64 < 72$，且 $648 + 72 = 720$，所以被除数的第三位上可以商 9。

所以，$6480 \div 72 = 90$。

4）用差数试商

当除数是 11、12、13、$\cdots$、18 和 19，被除数前两位又不够除的时候，可以用"差数试商法"，即根据被除数前两位临时组成的数与除数的差来试商的方法。

方法：

（1）若差数是 1 或 2，则初商为 9。

（2）差数是 3 或 4，则初商为 8。

（3）差数是 5 或 6，则初商为 7。

（4）差数是 7 或 8，则初商是 6。

（5）差数是 9 时，则初商为 5。

（6）若不准确，则调小 1。

为了便于记忆,将以上内容编成下面的口诀。

差一差二商个九,差三差四八当头;

差五差六初商七,差七差八先商六;

差数是九五上阵,试商快速无忧愁。

例子:

(1) 计算 1476÷18＝_____。

解:

18 与 14 差 4,初商为 8,经试除,商 8 正确。

所以,1476÷18＝82。

(2) 计算 1275÷17＝_____。

解:

17 与 12 的差为 5,初商为 7,经试除,商 7 正确。

所以,1275÷17＝75。

练习:

(1) 计算 2491÷47＝_____。

(2) 计算 4183÷47＝_____。

(3) 计算 1089÷11＝_____。

2. 一个数除以 9 的神奇规律

在这里的除法不计算成小数的形式,如果除不尽,我们会表示为商是几余几的形式。

1) 两位数除以 9

方法:

(1) 商是被除数的第一位。

(2) 余数是被除数个位和十位上数字的和。

例子:

(1) 计算 $24÷9=$ _____。

解:

商是 2,

余数是 $2+4=6$,

所以,$24÷9=2$ 余 6。

当然这种算法也有如下特殊情况。

(2) 计算 $28÷9=$ _____。

解:

商是 2,

余数是 $2+8=10$,

我们发现个位和十位相加大于除数 9,

这时则需要调整一下进位,变成商是 3,余数是 1。

所以,$28÷9=3$ 余 1。

(3) 计算 $27÷9=$ _____。

解:

商是 2,

余数是 $2+7=9$,

个位和十位相加等于除数 9,说明可以除尽,

所以进位后,商为 3。

所以,$27÷9=3$。

2）三位数除以 9

方法：

（1）商的十位是被除数的第一位。

（2）商的个位是被除数第一位和第二位的和。

（3）余数是被除数个位、十位和百位上数字的总和。

（4）注意当商中某一位大于等于 10 或当余数大于等于 9 的时候则需要进位调整。

例子：

（1）计算 $124 \div 9 =$ _____ 。

解：

商的十位是 1，个位是 $1 + 2 = 3$，

所以商是 13，

余数是 $1 + 2 + 4 = 7$。

所以，$124 \div 9 = 13$ 余 7。

（2）计算 $284 \div 9 =$ _____ 。

解：

商的十位是 2，个位是 $2 + 8 = 10$，

所以商是 30，

余数是 $2 + 8 + 4 = 14$，

进位调整商是 31，余数是 5。

所以，$284 \div 9 = 31$ 余 5。

（3）计算 $369 \div 9 =$ _____ 。

解：

商的十位是 3，个位是 $3 + 6 = 9$，

所以商是 39，

余数是 $3 + 6 + 9 = 18$，

进位调整商是 41，余数是 0。

所以，$369 \div 9 = 41$。

3）四位数除以 9

方法：

（1）商的百位是被除数的第一位。

（2）商的十位是被除数第一位和第二位的和。

（3）商的个位是被除数前三位的数字和。

（4）余数是被除数各位上数字的总和。

（5）注意当商中某一位大于等于 10 或当余数大于等于 9 的时候则需要进位调整。

例子：

（1）计算 2114÷9＝_____。

解：

商的百位是 2，十位是 2＋1＝3，个位是 2＋1＋1＝4，

所以商是 234，

余数是 2＋1＋1＋4＝8。

所以，2114÷9＝234 余 8。

（2）计算 2581÷9＝_____。

解：

商的百位是 2，十位是 2＋5＝7，个位是 2＋5＋8＝15，

所以商是 285，

余数是 2＋5＋8＋1＝16，

进位调整商是 286，余数是 7。

所以，2581÷9＝286 余 7。

（3）计算 3721÷9＝_____。

解：

商的百位是 3，十位是 3＋7＝10，个位是 3＋7＋2＝12，

所以商是 412，

余数是 3＋7＋2＋1＝13，

进位调整商是 413，余数是 4。

所以，3721÷9＝413 余 4。

练习：

（1）计算 98÷9＝_____。

（2）计算 $214 \div 9 = $ _____ 。

（3）计算 $6513 \div 9 = $ _____ 。

十二、截位法

"截位法"是在精度允许的范围内,将计算过程中的数字截位(即只看或者只取前几位),从而使计算过程得到简化并保证计算结果的精度足够。

在加法或者减法的计算中使用"截位法"时,直接从左边高位开始相加或者相减(注意下一位是否需要进位与错位)。

在乘法或者除法计算中使用"截位法"时,为了使所得结果尽可能精确,需要注意以下两点。

（1）扩大(或缩小)一个乘数因子,则需缩小(或扩大)另一个乘数因子。

（2）扩大(或缩小)被除数,则需扩大(或缩小)除数。

如果是求两个乘积的和或者差(即 $a \times b + / - c \times d$),应该注意:

（1）扩大(或缩小)加号的一侧,则需缩小(或扩大)加号的另一侧。

（2）扩大(或缩小)减号的一侧,则需扩大(或缩小)减号的另一侧。

到底采取哪个近似方法,由相近程度和截位后计算难度决定。

一般来说,在乘法或者除法中使用"截位法"时,若答案需要有 N 位精度,则计算过程的数据需要有 $N+1$ 位的精度,但具体情况还得由截位时误差的大小以及误差的抵消情况来决定;在误差较小的情况下,计算过程中的数据甚至可以不满足上述截位方法的要求。所以应用这种方法时,需要做好误差的把握,以免偏差太大。在可以使用其他方式得到答案并且截位误差可能很大时,应尽量避免使用乘法与除法的截位法。

1. 用截位法求多位数加法

方法:

(1) 根据精确度要求确定截取的位数。

(2) 只计算被截取的前面几位的和。

(3) 与选项对比,得出正确答案。

例子:

(1) 计算 $6875+5493+12039+3347=$ _____。

    A. 25354   B. 27754   C. 26344   D. 28364

解:

我们从选项中可以看出,分别约是 2.5 万、2.7 万、2.6 万、2.8 万,所以截取到千位即可。

对四个数分别进行四舍五入,截取千位,分别为 $7+5+12+3=27$。

所以,答案为 B。

(2) 计算 $957.9+517.3+6890.6+5516.6=$ _____。

    A. 12359.6   B. 15252.4

    C. 13882.4   D. 16647.2

解:

本题我们截取到百位。

对四个数分别进行四舍五入,为 $10+5+69+55=139$。

所以,答案为 C。

(3) 计算 49788、57377、68226、71184、89147 的平均数大约是 _____万。

    A. 5.1   B. 6.7   C. 7.8   D. 8.2

解:

本题我们截取到千位,对五个数分别进行四舍五入,为

$$50+57+68+71+89=335$$

$$335 \div 5 \approx 6.69$$

所以,答案为 B。

练习:

(1) 计算 $13767 + 5268 + 6887 + 5120 =$ _____万。(精确到 1 位小数)

    A. 3.1   B. 3.5   C. 2.7   D. 2.2

(2) 计算 $42515 + 47852 + 36951 + 35811 =$ _____万。(精确到 1 位小数)

    A. 15.1   B. 16.3   C. 17.8   D. 18.2

(3) 计算 45785、12478、13658、51210 的平均值是_____万。

    A. 3.08   B. 4.17   C. 2.85   D. 3.52

2. 用截位法求多位数除法

通过截位法,可以把多位数除法变为多位数与两位甚至一位数相除的除法,通过简单口算就可以得到结果,避免了复杂易错的计算过程。

方法：

（1）先把多位数除法写成分数的形式，并估算出大致结果。（根据精确度要求可以适当精确）

（2）截分母：先把多位数的分母的左数第三位四舍五入，然后截去左数第三位及以后的数字，使分母变为 2 位。

（3）根据第一步估算的大致倍数关系和第二步所截的数确定分子的截位数。本质上就是使分子及分母同时扩大或缩少的百分比一样。

（4）把多位数除法变成除数为两位的除法（如果要求的精确度不高，也可以截位成分母是一位数，将大大简化计算过程）。

例子：

（1）计算 $84135 \div 2112 =$ _____。（保留 2 位小数）

解：

通过简单估算，大致结果为 40，

分母 2112 截位成为 21，截去 12，

所以分子要减去 $12 \times 40 = 480$，变成 83655，

所以原式就变成了 $836.55 \div 21 \approx 39.84$。

而实际上 $84135 \div 2112 \approx 39.84$，误差非常小。

所以，$84135 \div 2112 = 39.84$。

（2）计算 $4583 \div 1185 =$ _____。（保留 2 位小数）

解：

通过简单估算，大致结果为 4，

分母 1185 截位成为 12，截去 -15，

所以分子要加上 $15 \times 4 = 60$，变成 4643，

所以原式就变成了 $46.43 \div 12 \approx 3.87$。

所以，$4583 \div 1185 = 3.87$。

（3）计算 $4583 \div 1185 =$ _____。（保留 1 位小数）

解：

通过简单估算，大致结果为 4，

我们试着截成一位：分母 1185 截位成为 1，截去 185，

所以分子要减去 $185×4＝740$，变成 3843，

所以原式就变成了 $3.843÷1≈3.84$。

与上一题的结果相差非常小，而题目要求保留一位小数，是完全符合要求的。

所以，$4583÷1185＝3.8$。

提示：如果要求的精确度不高，分子也是可以截的。也就是说，把分子也截掉分母截掉的位数。（注意四舍五入和结果的精确度）

练习：

（1）计算 $28413÷1211＝$ _____ 。（保留 2 位小数）

（2）计算 $24135÷2911＝$ _____ 。（保留 2 位小数）

（3）计算 $24135÷2911＝$ _____ 。（保留 1 位小数）

十三、放缩法

"放缩法"是在数字的比较计算当中，如果精度要求不高，可以将中间结果进行大胆地"放"（扩大）或者"缩"（缩小），从而迅速得到待

比较数字的大小关系。

比如要证明不等式 $A < B$ 成立，有时可以将它的一边放大或缩小，寻找一个中间量，如将 A 放大成 C，即 $A < C$，后证 $C < B$，根据不等式的传递性，就可以间接地得到 $A < B$ 的结论。这种证法就是放缩法，是不等式的证明里的一种方法。

放缩法中常见的不等关系。

若 $A > B > 0$，且 $C > D > 0$，则有：

（1）$A + C > B + D$

（2）$A - D > B - C$

（3）$A \times C > B \times D$

（4）$A/D > B/C$

这些关系式是我们经常会用到的非常简单、基础的不等关系，其本质就是运用的"放缩法"。

放缩法的常见技巧如下。

- 舍掉（或加进）一些项。
- 在分式中放大或缩小分子或分母。
- 应用基本不等式放缩（例如均值不等式）。
- 应用函数的单调性进行放缩。
- 根据题目条件进行放缩。
- 构造等比数列进行放缩。
- 构造裂项条件进行放缩。
- 利用函数切线、割线逼近进行放缩。
- 利用裂项法进行放缩。
- 利用错位相减法进行放缩。

注意：

（1）放缩的方向要一致。

（2）放与缩要适度。

（3）很多时候可以只对数列的一部分应用放缩法，保留一些项不变（多为前几项或后几项）。

1. 两位数除以一位数

方法：

（1）把除数变成 $10-a$ 的形式。

（2）用被除数除以 10，得出第一个商（计算被除数中含有多少个 10），并记下余数。

（3）用第一个商乘以 a，加上余数，除以除数，得到第二个商，并记下余数。

（4）把前面两个商相加即为最后的商，第二个余数为余数。

例子：

（1）计算 $49 \div 8 =$ _____。

解：

原式变成　　　　　　　　$49 \div (10-2)$

用　　　　　　　　　　　$49 \div 10 = 4$ 余 9

计算　　　　　　　　　　$4 \times 2 + 9 = 17$

　　　　　　　　　　　　$17 \div 8 = 2$ 余 1

最后的商等于 $4+2=6$，余数为 1。

所以　　　　　　　　　　$49 \div 8 = 6$ 余 1

（2）计算 $92 \div 7 =$ _____。

解：

原式变成　　　　　　　　$92 \div (10-3)$

用　　　　　　　　　　　$92 \div 10 = 9$ 余 2

计算　　　　　　　　　　$9 \times 3 + 2 = 29$

　　　　　　　　　　　　$29 \div 7 = 4$ 余 1

最后的商等于 $9+4=13$，余数为 1。

所以　　　　　　　　　　$92 \div 7 = 13$ 余 1

（3）计算 $81 \div 8 =$ _____。

解：

原式变成　　　　　　　　$81 \div (10-2)$

用　　　　　　　　　　　$81 \div 10 = 8$ 余 1

计算 $\qquad 8\times2+1=17$

$\qquad\qquad\qquad 17\div8=2$ 余 1

最后的商等于 $8+2=10$，余数为 1。

所以 $\qquad\qquad\qquad 81\div8=10$ 余 1

练习：

（1）计算 $44\div9=$ _____。

（2）计算 $96\div8=$ _____。

（3）计算 $81\div7=$ _____。

2. 三位数除以一位数

方法：

（1）把除数变成 $10-a$ 的形式。

（2）用被除数除以 10，得出第一个商（计算被除数中含有多少个 10），并记下余数。

（3）用第一个商乘以 a，加上余数，除以除数，得到第二个商，并记下余数。

（4）把前面两个商相加即为最后的商，第二个余数为余数。

例子：

（1）计算 $491 \div 8 =$ _____。

解：

原式变成 $491 \div (10 - 2)$

用 $491 \div 10 = 49$ 余 1

计算 $49 \times 2 + 1 = 99$

                          $99 \div 8 = 12$ 余 3

最后的商等于 $49 + 12 = 61$，余数为 3。

所以 $491 \div 8 = 61$ 余 3

（2）计算 $412 \div 7 =$ _____。

解：

原式变成 $412 \div (10 - 3)$

用 $412 \div 10 = 41$ 余 2

计算 $41 \times 3 + 2 = 125$

                       $125 \div 7 = 17$ 余 6

最后的商等于 $41 + 17 = 58$，余数为 6。

所以 $412 \div 7 = 58$ 余 6

（3）计算 $191 \div 8 =$ _____。

解：

原式变成 $191 \div (10 - 2)$

用 $191 \div 10 = 19$ 余 1

计算 $19 \times 2 + 1 = 39$

                       $39 \div 8 = 4$ 余 7

最后的商等于 $19 + 4 = 23$，余数为 7。

所以 $191 \div 8 = 23$ 余 7

注意： 此方法可扩展到多位数除以一位数。

练习：

(1) 计算 $414 \div 9 =$ _____。

(2) 计算 $316 \div 8 =$ _____。

(3) 计算 $281 \div 7 =$ _____。

3. 两位数除以两位数

方法：

(1) 把除数变成整十减 a 的形式。

(2) 用被除数除以整十数，得出第一个商（计算被除数中含有多少个整十数），并记下余数。

(3) 用第一个商乘以 a，加上余数，除以除数，得到第二个商，并记下余数。

(4) 把前面两个商相加即为最后的商，第二个余数为余数。

例子：

(1) 计算 $99 \div 18 =$ _____。

解：

原式变成　　　　　　　　$99 \div (20 - 2)$

用	$99 \div 20 = 4$ 余 19
计算	$4 \times 2 + 19 = 27$
	$27 \div 18 = 1$ 余 9

最后的商等于 $4+1=5$,余数为 9。

所以　　　　　　$99 \div 18 = 5$ 余 9

(2) 计算 $82 \div 27 =$ _____。

解：

原式变成	$82 \div (30-3)$
用	$82 \div 30 = 2$ 余 22
计算	$2 \times 3 + 22 = 28$
	$28 \div 27 = 1$ 余 1

最后的商等于 $2+1=3$,余数为 1。

所以　　　　　　$82 \div 27 = 3$ 余 1

(3) 计算 $71 \div 15 =$ _____。

解：

原式变成	$71 \div (20-5)$
用	$71 \div 20 = 3$ 余 11
计算	$3 \times 5 + 11 = 26$
	$26 \div 15 = 1$ 余 11

最后的商等于 $3+1=4$,余数为 11。

所以　　　　　　$71 \div 15 = 4$ 余 11

练习：

(1) 计算 $44 \div 19 =$ _____。

（2）计算 96÷18＝_____。

（3）计算 81÷17＝_____。

4. 三位数除以两位数

方法：

（1）把除数变成整十减 a 的形式。

（2）用被除数除以整十数,得出第一个商(计算被除数中含有多少个整十数),并记下余数。

（3）用第一个商乘以 a,加上余数,除以除数,得到第二个商,并记下余数。

（4）把前面两个商相加即为最后的商,第二个余数为余数。

例子：

（1）计算 419÷18＝_____。

解：

原式变成　　　　　　　419÷（20－2）

用　　　　　　　419÷20＝20 余 19

计算　　　　　　　20×2＋19＝59

　　　　　　　59÷18＝3 余 5

最后的商等于 20＋3＝23,余数为 5。

所以　　　　　　　419÷18＝23 余 5

（2）计算 $925 \div 27 =$ _____。

解：

原式变成　　　　　$925 \div (30-3)$

用　　　　　　　　$925 \div 30 = 30$ 余 25

计算　　　　　　　$30 \times 3 + 25 = 115$

　　　　　　　　　$115 \div 27 = 4$ 余 7

最后的商等于 $30+4=34$，余数为 7。

所以　　　　　　　$925 \div 27 = 34$ 余 7

（3）计算 $811 \div 89 =$ _____。

解： 原式变成

　　　　　　　　　$811 \div (90-1)$

用　　　　　　　　$811 \div 90 = 9$ 余 1

计算　　　　　　　$9 \times 1 + 1 = 10$

　　　　　　　　　$10 \div 89 = 0$ 余 10

最后的商等于 $9+0=9$，余数为 10。

所以　　　　　　　$811 \div 89 = 9$ 余 10

注意： 此方法可扩展到多位数除以两位数。

练习：

（1）计算 $428 \div 19 =$ _____。

（2）计算 $596 \div 18 =$ _____。

（3）计算 $981 \div 57 =$ _____。

5. 如果被除数与除数都是偶数

方法：

（1）被除数和除数同时除以 2。

（2）如果还都是偶数就再同时除以 2，以此类推。

例子：

（1）计算 $54 \div 4 =$ _____。

解：

将被除数和除数都除以 2，得到

$$54 \div 4 = 27 \div 2 = 13.5$$

所以　　　　　　　$54 \div 4 = 13.5$

（2）计算 $216 \div 8 =$ _____。

解：

将被除数和除数都除以 2，得到

$$216 \div 8 = 108 \div 4$$

再同时除以 2，即

$$54 \div 2 = 27$$

所以　　　　　　$108 \div 4 = 27$

（3）计算 $1800 \div 24 =$ _____。

解： 将被除数和除数都除以 2，得到

$$1800 \div 24 = 900 \div 12$$

再同时除以 2，即

$$450 \div 6$$

$$= 225 \div 3$$

$$=75$$

所以　　　　　　$1800 \div 24 = 75$

练习：

(1) 计算 $1024 \div 4 =$ ＿＿＿＿＿＿＿。

(2) 计算 $7856 \div 24 =$ ＿＿＿＿＿＿＿。

(3) 计算 $2032 \div 16 =$ ＿＿＿＿＿＿＿。

十四、直除法

　　"直除法"就是在比较或者计算较为复杂分数或者除法时,可以通过"直接相除"的方式得到商的首位(首一位或首两位),从而根据选项中各个答案的差异,得出正确答案的一种方法。

　　"直除法"一般适用于两种形式的题目。

　　(1) 多个分数比较时,在量级相当的情况下,首位最大/小的数为最大/小数。

（2）计算一个分数或者除法时，在选项首位不同的情况下，通过计算首位便可以选出正确答案。

"直除法"从难度深浅上来讲一般分为三种梯度。

- 直接就能看出商的首位。
- 通过简单动手计算能看出商的首位。
- 某些比较复杂的分数，需要计算分数的"倒数"的首位来判定答案。

例子：

比较下列分数 4103/32409、4701/32895、3413/23955、1831/12894 中，最大的数是哪个？

解：

因为是分数，比较大小不方便，我们可以比较它们的倒数，看谁最小。而通过直除法，得出其中 32409/4103、23955/3413、12894/1831 都比 7 大，而 32895/4701 比 7 小，所以这四个数的倒数当中最小的数是 32895/4701，所以 4701/32895 最大。

1. 多位数乘一位数的运算技巧

计算一个多位数与一位数相乘，我们有一些运算技巧和口诀，只要记下来，就可以大大加快运算速度。这在我们日常口算或者在其他复杂运算的过程中都会有很好的应用。

（1）2 的乘法运算口诀

1234 直写倍；

后数大 5 前加 1；

5 个为 0,6 个 2；

7 个为 4,8 个 6；

9 个为 8 要记牢；

算前看后莫忘掉。

（2）3 的乘法运算口诀

123 数直写倍；

后大 34 前加 1；

大于 67 要进 2；

4 个为 2,5 个 5；

6 个为 8,7 个 1；

8 个为 4,9 个 7；

循环小数要记准；

算前看后别忘掉。

(3) 4 的乘法运算口诀

1 数 2 数直写倍；

后大 25 前加 1；

大于 50 要进 2；

大于 75 要进 3；

偶数各自皆互补；

奇数各自凑 5 奇；

记住它的进位率。

(4) 5 的乘法运算口诀

任何数,乘以 5,

等于半数尾加 0。

(5) 6 的乘法运算口诀

167 数要进 1；

后大 34 将进 2；

大于 50 要进 3；

后大 67 要进 4；

834 数要进 5；

偶数各自皆本身；

奇数和 5 来相比；

小于 5 数身减 5；

循环小数要记准。

(6) 7 的乘法运算口诀

超 142857 进 1；

超 285714 进 2；

超 428571 进 3；

超 571428 进 4；

超 714285 进 5；

超 857142 进 6。

（7）8 的乘法运算口诀

满 125 进 1；

满 25 进 2；

满 375 进 3；

满 5 进 4；

满 625 进 5；

满 75 进 6；

满 875 进 7。

（8）9 的乘法运算口诀

两位之间前后比；

前小于后照数进；

前大于后腰减 1；

各数个位皆互补；

算到末尾必减 1。

扩展阅读

走马灯数：142857

142857 这个数字很神奇，它能在运算中像走马灯一样经历轮转：把它乘上 1、2、3、4、5、6 后得到的结果，均是这六个数字排列的轮换。如下所示。

$$142857 \times 1 = 142857$$
$$142857 \times 2 = 285714$$
$$142857 \times 3 = 428571$$
$$142857 \times 4 = 571428$$
$$142857 \times 5 = 714285$$

$$142857 \times 6 = 857142$$

规律：同样的数字，只是调换了位置，反复地出现。若你再继续乘下去，会得到更有趣的结果。

$$142857 \times 7 = 999999$$

为什么会这样呢？

实际上，142857 是 1/7 化成循环小数后长度为 6 的循环节。

也就是说，142857 的走马灯特性与 1/7 有很大关系。

我们再来看看除法。

$1 \div 7 = 0.142857142857\cdots$

$2 \div 7 = 0.2857142857142857\cdots$

$3 \div 7 = 0.42857142857142857\cdots$

$4 \div 7 = 0.57142857142857\cdots$

$5 \div 7 = 0.7142857142857\cdots$

$6 \div 7 = 0.857142857142857\cdots$

$142857 \div 7 = 20408.142857142857142857142857\cdots$

$285714 \div 7 = 40816.2857142857142857142857285714\cdots$

$428571 \div 7 = 61224.42857142857142857142857428571\cdots$

$571428 \div 7 = 81632.571428571428571428571428\cdots$

$714285 \div 7 = 102040.714285714285714285714285\cdots$

$857142 \div 7 = 122448.857142857142857142\cdots$

那 142857 是怎么来的呢？我们再继续计算。

$9 \div 7 = 1.2857142857142857142857142857\cdots$

$99 \div 7 = 14.142857142857142857142857\cdots$

$999 \div 7 = 142.714285714285714285714285\cdots$

$9999 \div 7 = 1428.42857142857142857142857\cdots$

$99999 \div 7 = 14285.571428571428571428571\cdots$

$999999 \div 7 = 142857$

整数出现了，那我们继续……

$9999999 \div 7 = 1428571.2857142857142857142857\cdots$

$99999999 \div 7 = 14285714.142857142857142857\cdots$

999999999÷7＝142857142.71428571428571428571428571…

9999999999÷7＝1428571428.428571428571428571428571…

99999999999÷7＝14285714285.5714285714285714285714…

999999999999÷7＝142857142857(12 个 9，与 6 个 9 一样，得到的是整数)

9999999999999÷7＝1428571428571.2857142857142857142857
142857…

13 个 9，小数点后的数字与 9÷7 相同

99999999999999÷7＝14285714285714.14285714285714285714
2857…

14 个 9，小数点后的数字和与 99÷7 相同

……

如此循环，18 个 9 除以 7 等于多少呢？等于 1428571428571428
57——三组 142857。

24 个 9 除以 7 呢？是 142857142857142857142857——四组 142857。

……

是不是很有意思呢？

2. 一位数除法运算

（1）除数是 2 的运算口诀

除 2 折半读得数。

（2）除数是 3 的运算口诀

除 3 一定仔细算；

余 1 余 2 有循环；

余 2 循环 666；

余 1 循环 333；

小数要求留几位？

余 1 要舍余 2 进。

（3）除数是 4 的运算口诀

除 4 得整也有余；

按余大小读小数；

余 1 便是点 25；

余 2 定是点 50；

余 3 就是点 75；

不需计算便知数。

（4）除数是 5 的运算口诀

任何数除以 5，

等于 2 倍除以 10。

（5）除数是 6 的运算口诀

除 6 得整还有余，

按余大小读小数，

余 1 循环 166；

余 2 小数 3 循环；

余 3 小数是点 5；

余 4 小数 6 循环；

余 5 循环 833；

先看小数留几位；

决定是舍还是进。

（6）除数是 7 的运算口诀

整数需要认真除；

余数循环六位数；

余 1 循环 142857；

余 2，14 后面搬；（将 142857 的前两位 14 移到末尾，即 285714）

余 3 将头安在尾；（将 142857 的"头"1 移到末尾，即 428671）

余 4，57 移前面；（将 142857 的 57 移到前面，即 571428）

余 5 将尾安在首；（将 142857 的"尾"7 移到前面，即 714285）

余 6 分半前后移。（将 142857 的前三位与后三位对调位置，即 857142）

先看小数留几位；

决定是舍还是进。

253

（7）除数是 8 的运算口诀

8 除有整还有余；

余 1 小数点 125；

余 2 小数是点 25；

余 3 小数点 375；

余 4 它是点 5 数；

余 5 小数点 625；

余 6 小数是点 75；

余 7 小数点 878；

8 的余数虽然大；

但是都能除尽它。

（8）除数是 9 的运算口诀

任何数字除以 9；

余几小数循环几。

需看小数留几位；

决定是舍还是进。

十五、化同法

"化同法"是在比较两个分数大小时，将这两个分数的分子或分母化为相同或相近，从而达到简化计算。

化同法一般包括三个层次。

（1）将分子（分母）化为完全相同，从而只需要比较分母（或分子）即可。

（2）将分子（或分母）化为相近之后，出现"某一个分数的分母较大而分子较小"或"某一个分数的分母较小而分子较大"的情况，则可直接判断两个分数的大小。

（3）将分子（或分母）化为非常接近之后，再利用其他速算技巧进行简单判定。

1. 约数与倍数

概念：

- 约数和倍数：若整数 a 能够被 b 整除，a 叫作 b 的倍数，b 就叫作 a 的约数。
- 公约数：几个数公有的约数，叫作这几个数的公约数；其中最大的一个，叫作这几个数的最大公约数。
- 公倍数：几个数公有的倍数，叫作这几个数的公倍数；其中最小的一个，叫作这几个数的最小公倍数。
- 互质数：如果两个数的最大公约数是 1，那么这两个数叫作互质数。

性质：

（1）最大公约数

最大公约数的性质如下。

① 几个数都除以它们的最大公约数，所得的几个商是互质数。

② 几个数的最大公约数都是这几个数的约数。

③ 几个数的公约数，都是这几个数的最大公约数的约数。

④ 几个数都乘以一个自然数 m，所得的积的最大公约数等于这几个数的最大公约数乘以 m。

求最大公约数的基本方法如下。

① 分解质因数法：先分解质因数，然后把相同的因数连乘起来。

② 短除法：先找公有的约数，然后相乘。

③ 辗转相除法：每一次都用除数和余数相除，能够整除的那个余数，就是所求的最大公约数。

（2）最小公倍数

最小公倍数的性质如下。

① 两个数的任意公倍数都是它们最小公倍数的倍数。

② 两个数的最大公约数与最小公倍数的乘积等于这两个数的乘积。

求最小公倍数的基本方法如下。

① 短除法求最小公倍数。

② 分解质因数的方法。

例子：

（1）求 12 和 18 的公约数和最大公约数分别是多少？

解：

12 的约数有：1、2、3、4、6、12。

18 的约数有：1、2、3、6、9、18。

所以 12 和 18 的公约数有：1、2、3、6。12 和 18 最大的公约数是 6。

（2）求 12 和 18 的公倍数和最小公倍数分别是多少？

解：

12 的倍数有：12、24、36、48⋯

18 的倍数有：18、36、54、72⋯

所以 12 和 18 的公倍数有：36、72、108⋯

12 和 18 最小的公倍数是 36。

练习：

（1）求 56 和 32 的公约数和最大公约数。

（2）求 6 和 15 的公倍数和最小公倍数。

（3）求 12、15、18 三个数的最大公约数和最小公倍数。

2. 通分与约分

概念：

（1）约分：把一个分数的分子、分母同时除以公因数，使分数的值不变，但分子、分母都变小，这个过程叫约分。

（2）通分：根据分数（式）的基本性质，把几个异分母分数（式）化成与原来分数（式）相等的同分母的分数（式）的过程，叫作通分。

（3）最简分数：分子、分母只有公因数 1 的分数，或者说分子和分母互质的分数，叫作最简分数，又称既约分数。

方法：

约分时，要注意找它的公约数，然后将所有公约数乘起来就是它们的最大公约数。如果能很快看出分子和分母的最大公约数，直接用它们的最大公约数去除比较简便。

约分的步骤如下：

（1）将分子分母分解因数。

（2）找出分子分母的公因数。

（3）消去非零公因数。

通分的关键是确定几个分式的最简公分母，也就是几个分母的最小公倍数。

通分的步骤如下：

（1）先求出原来几个分数（式）的分母的最简公分母；

（2）根据分数（式）的基本性质，把原来分数（式）化成以最简公分母为分母的分数（式）。

求最小公倍数的步骤如下：

（1）分别列出各分母的质因数。

（2）最小公倍数等于所有的质因数的乘积（如果有几个质因数相同,则比较两数中哪个数有该质因数的个数较多,乘较多的次数）。

例子：

（1）把 $\dfrac{18}{30}$ 化成最简分数。

解：

$$\dfrac{18}{30}=\dfrac{18\div2}{30\div2}=\dfrac{9}{15}=\dfrac{9\div3}{15\div3}=\dfrac{3}{5}$$

所以, $\dfrac{18}{30}$ 化成最简分数为 $\dfrac{3}{5}$ 。

（2）约分 $\dfrac{33}{99}$ 。

解：

$$\dfrac{33}{99}=\dfrac{3\times11}{3\times3\times11}=\dfrac{1}{3}$$

所以

$$\dfrac{33}{99}=\dfrac{1}{3}$$

（3）通分 $\dfrac{1}{2}$ 、 $\dfrac{5}{6}$ 、 $\dfrac{7}{9}$

解：

2 的质因数为 2,6 的质因数为 2、3,9 的质因数为 3、3。

所以,2、6、9 的最小公倍数为 $2\times3\times3=18$ 。

$$\dfrac{1}{2}=\dfrac{9}{18}$$

$$\dfrac{5}{6}=\dfrac{15}{18}$$

$$\dfrac{7}{9}=\dfrac{14}{18}$$

练习：

（1）把 $\dfrac{54}{72}$ 化成最简分数。

（2）通分 $\dfrac{1}{2}$、$\dfrac{11}{15}$、$\dfrac{3}{5}$。

（3）通分 $\dfrac{1}{3}$、$\dfrac{5}{6}$、$\dfrac{7}{20}$。

十六、差分法

我们在对两个分数进行大小比较时，若其中一个分数的分子与分母都比另外一个分数的分子与分母分别只大一点点，这时候可以使用"差分法"来解决问题。

运用差分法时，首先定义分子与分母都比较大的分数叫"大分数"，分子与分母都比较小的分数叫"小分数"，将这两个分数的分子、分母分别相减而得到的新的分数即称为差分数。

在进行大小比较时，可以用"差分数"代替"大分数"与"小分数"进行大小比较：若差分数比"小分数"大，则"大分数"比"小分数"大；若差分数比"小分数"小，则"大分数"比"小分数"小；若差分数与"小分数"相等，则"大分数"与"小分数"相等。

1. 变型式差分法

要比较 $a \times b$ 与 $c \times d$ 的大小，如果 a 与 c 相差很小，并且 b 与 d 相差也很小，这时候可以将乘法 $a \times b$ 与 $c \times d$ 的比较转化为除法 a/d 与 c/b 的比较，这样就可以运用"差分法"来解决类似的乘法问题。

下面用差分法比较分数的大小。

方法：

（1）求出差分数。

（2）用差分数代替"大分数"，与"小分数"比较。

例子：

（1）比较$\dfrac{323}{530}$与$\dfrac{312}{527}$的大小关系。

解：

$$差分数＝\dfrac{323-312}{530-527}＝\dfrac{11}{3}$$

而

$$\dfrac{11}{3}＞\dfrac{312}{527}$$

所以

$$\dfrac{323}{530}＞\dfrac{312}{527}$$

（2）比较$\dfrac{323}{101}$与$\dfrac{326}{103}$的大小关系。

解：

$$差分数＝\dfrac{3}{2}＝\dfrac{150}{100}＜\dfrac{323}{101}$$

所以

$$\dfrac{323}{101}＞\dfrac{326}{103}$$

（3）比较 29320×4125 与 4126×29318 的大小关系。

解：本题可以转化为差分法，即比较$\dfrac{29320}{4126}$和$\dfrac{29318}{4125}$的大小关系。

差分数为

$$\dfrac{2}{1}＜\dfrac{29318}{4125}$$

所以

$$\dfrac{29320}{4126}＜\dfrac{29318}{4125}$$

即

$$29320 \times 4125＜4126 \times 29318$$

练习：

（1）比较$\dfrac{527}{211}$与$\dfrac{516}{205}$的大小关系。

（2）比较 $\dfrac{3127}{2101}$ 与 $\dfrac{3124}{2103}$ 的大小关系。

（3）比较 914321×5164 与 5167×914318 的大小关系。

2. 分数大小比较的其他方法

方法：

（1）化同分子法：使所有分数的分子相同,根据同分子的分数的大小和分母的关系进行比较。

（2）化同分母法：使所有分数的分母相同,根据同分母的分数的大小和分子的关系进行比较。

（3）中间数比较法：确定一个中间数,使所有的分数都和它进行比较。

（4）化成小数法：把所有分数转化成小数（求出分数的值）后进行比较。

（5）化为整数法：把两个分数同时乘以其中一个分数的分母,使其中一个分数化成整数,与另外一个数进行比较。

（6）倒数比较法：利用倒数比较大小,然后确定原数的大小。

（7）交叉相乘法：如果第一个分数的分子与第二个分数的分母相乘的积大于第二个分数的分子与第一个分数的分母相乘的积,那么第一个分数比较大。

（8）除法比较法：用一个数除以另一个数,得出的数和 1 进行比较。

（9）减法比较法：用一个分数减去另一个分数，得出的数和 0 进行比较。

（10）差等比较法：如果两个真分数的分子和分母之差相等，那么分子和分母均比较大的那个分数比另外一个分数大。

例子：

（1）比较 $\dfrac{111}{1111}$ 和 $\dfrac{1111}{11111}$ 的大小。

解： 本题可以用倒数法。

$\dfrac{111}{1111}$ 的倒数为 $\dfrac{1111}{111} = 10\dfrac{1}{111}$。

$\dfrac{1111}{11111}$ 的倒数为 $\dfrac{11111}{1111} = 10\dfrac{1}{1111}$，

$\dfrac{1111}{111} > \dfrac{11111}{1111}$，

所以 $\dfrac{111}{1111} < \dfrac{1111}{11111}$

（2）比较 $\dfrac{3}{8}$ 和 $\dfrac{7}{18}$ 的大小。

解： 本题可以用小数比较法。

$$\dfrac{3}{8} = 0.375$$

$$\dfrac{7}{18} \approx 0.388$$

所以 $\qquad\qquad \dfrac{3}{8} < \dfrac{7}{18}$

（3）比较 $\dfrac{2015}{2016}$ 和 $\dfrac{2017}{2018}$ 的大小。

解： 这两个真分数的分子和分母的差都是 1，而后一个分数的分子和分母均比较大，所以，

$$\dfrac{2015}{2016} < \dfrac{2017}{2018}$$

注意： 有的题目可以用多种分数比较方法，只是看哪种方法更

简单而已。

练习：

（1）比较 $\dfrac{5}{9}$ 和 $\dfrac{7}{12}$ 的大小。（推荐用交叉相乘法）

（2）比较 $\dfrac{5}{12}$ 和 $\dfrac{9}{16}$ 的大小。（推荐用中间数法）

（3）比较 $\dfrac{8}{15}$ 和 $\dfrac{13}{20}$ 的大小。（推荐用化为整数法）

十七、尾数法

尾数法是指在遇到数字偏大、运算量过大的选择题目时，如果选项的尾数各不相同，可以在不直接完全计算出算式各项值的情况下（有的时候也可能是无法计算出），只计算算式的尾数，从而在答案的选项中找出有该尾数的选项。

尾数法是数学速算巧算中常用的方法之一。适时适当地运用尾数法能极大地简化运算过程。熟练运用尾数法可以使我们的计算事半功倍。

例子：

$1+2+3+4+\cdots+n=2005003$，则自然数 n 等于_____。

A. 2000　　　　B. 2001　　　　C. 2002　　　　D. 2003

解：

此题为自然数列求和，给出了数列和要求出 n。如果应用等差数列求和公式，则为 $(n+1)\times n=4010006$，要求用这个方程直接算出 n 的数值，无疑非常麻烦，所以我们运用尾数法。对比选项，可以发现只有 $(2002+1)\times2002$ 的尾数为 6，故答案为 C。

尾数法一般适用于加、减、乘（方）等情况的运算。另外，在数学运算中，还可以用尾数法来验证计算结果。

1. 用尾数法确定完全平方数的平方根

平方根又叫二次方根，其中属于非负数的平方根称为算术平方根。一个正数有两个实平方根，它们互为相反数；0 只有一个平方根，就是 0 本身；负数有两个共轭的纯虚平方根。

如果我们知道了一个数的算数平方根，根据相反数的算法，就可以很容易知道另外一个平方根。

所以，在这里我们讨论一下一个完全平方数的算数平方根的算法。

方法：

（1）确定一个完全平方数的算数平方根的大致范围。

（2）以尾数定根（见表 1-2）。

表　1-2

完全平方数的尾数	1	4	9	6	5
平方根可能的尾数	1、9	2、8	3、7	4、6	5

例子：

（1）求 625 的算数平方根。

解：

设这个算术平方根为 a。首先我们确定一下这个完全平方数的算术平方根的大致范围。

我们知道，$20^2=400,30^2=900$，而 $400<625<900$，所以，它的算

术平方根 a 的范围是：

$$20 < a < 30$$

我们再以尾数定根：625 的尾数为 5，那么根的尾数也为 5。

所以，625 的算数平方根为 25。

（2）求 1369 的算数平方根。

解：

设这个算术平方根为 a。首先我们确定一下这个完全平方数的算术平方根的大致范围。

我们知道，$30^2 = 900$，$40^2 = 1600$。根据前面介绍的方法，我们能很容易地算出：$35^2 = 1225$。

而 $1225 < 1369 < 1600$，所以，它的算术平方根 a 的范围是：

$$35 < a < 40$$

我们再以尾数定根：1369 的尾数为 9，那么根的尾数也为 3 或 7，只有 7 满足条件。

所以，1369 的算数平方根为 37。

（3）求 2304 的算数平方根。

解：

设这个算术平方根为 a。首先我们确定一下这个完全平方数的算术平方根的大致范围。

我们知道，$40^2 = 1600$，$50^2 = 2500$。根据前面介绍的方法，我们也能很容易地算出：$45^2 = 2025$。

而 $2025 < 2304 < 2500$，所以，它的算术平方根 a 的范围是：

$$45 < a < 50$$

我们再以尾数定根：2304 的尾数为 4，那么根的尾数也为 2 或 8，只有 8 满足条件。

所以，2304 的算数平方根为 48。

练习：

（1）求 9025 的算数平方根。

（2）求 4489 的算数平方根。

（3）求 6561 的算数平方根。

2. 自然数 n 次方尾数的变化规律

（1）2^n 的乘方尾数每 4 个数为一个周期，分别为 2、4、8、6。

（2）3^n 的乘方尾数每 4 个数为一个周期，分别为 3、9、7、1。

（3）4^n 的乘方尾数每 2 个数为一个周期，分别为 4、6。

（4）7^n 的乘方尾数每 4 个数为一个周期，分别为 7、9、3、1。

（5）8^n 的乘方尾数每 4 个数为一个周期，分别为 8、4、2、6。

（6）9^n 的乘方尾数每 2 个数为一个周期，分别为 9、1。

（7）0、1、5 和 6 的乘方尾数不变。分别为 0、1、5、6。

3. 多次方数

通常我们把一个可以写成整数的整数次幂的数称为多次方数。

对于一些常用的多次方数，我们最好能把它们记住，这样对类似题目的运算有很大帮助。

常用自然数的多次方数见表 1-3。

表 1-3

底数	2次方	3次方	4次方	5次方	6次方	7次方	8次方	9次方	10次方
2	4	8	16	32	64	128	256	512	1024
3	9	27	81	243	729	2187	6561		
4	16	64	256	1024	4096				
5	25	125	625	3125					
6	36	216	1296	7776					
7	49	343	2401						
8	64	512	4096						
9	81	729	6561						

4. 数的整除特性

如果一个整数 a，除以一个自然数 b，得到一个整数商 c，而且没有余数，那么叫作 a 能被 b 整除（或 b 能整除 a），记作 $b \mid a$。

有些题目，可以利用数的整除特性，根据题目中的部分条件，并借助于选项提供的信息进行求解。一般来说，这类题目的数量关系比较隐蔽，需要一定的数字敏感性才能发掘出来。

1）整除的特点

（1）对称性：若 a 能被 b 整除，b 也能被 a 整除，那么 a、b 两数相等。

（2）传递性：若 a 能被 b 整除，b 能被 c 整除，那么 a 也能被 c 整除。

（3）如果 a、b 都能被 c 整除，那么 $(a+b)$、$(a-b)$ 与 $a \times b$ 也能被 c 整除。

（4）如果 a 能被 b 整除，c 是整数，那么 a 乘以 c 也能被 b 整除。

（5）如果 a 能被 c 整除，a 能被 b 整除，且 bc 互质，那么 a 能被 $b \times c$ 整除。

（6）如果 a 能被 $b \times c$ 整除，且 bc 互质，那么 a 能被 b 整除，a 也能被 c 整除。

（7）若一个质数能整除两个自然数的乘积，那么这个质数至少能整除这两个自然数中的一个。

（8）几个数相乘，若其中有一个因子能被某一个数整除，那么它们的积也能被该数整除。

2）判断一个数能否被特殊数字整除的方法

（1）判断一个数能否被 2 整除，只需判断其个位数字能否被 2 整除。

（2）判断一个数能否被 3 整除，只需判断其各位数字之和能否被 3 整除。

（3）判断一个数能否被 5 整除，当一个数的个位为 0 或 5 时，此数能被 5 整除。

（4）判断一个数能否被 7 整除，将此数的个位数字截去，再从余下的数中减去个位数字的 2 倍，若差是 7 的倍数，则原数能被 7 整除。

（5）判断一个数能否被 9 整除，只需判断其各位数字之和能否被 9 整除。

（6）判断一个数能否被 11 整除，将此数的奇位数字之和与偶位数字之和作差，若差能被 11 整除，则此数能被 11 整除。

（7）判断一个数能否被 13 整除，将此数的个位数字截去，再从余下的数中加上个位数字的 4 倍，若和是 13 的倍数，则原数能被 13 整除。

（8）判断一个数能否被 17 整除，将此数的个位数字截去，再从余下的数中减去个位数字的 5 倍，若差是 17 的倍数，则原数能被 17 整除。

（9）判断一个数能否被 19 整除，将此数的个位数字截去，再从余下的数中加上个位数字的 2 倍，若和是 19 的倍数，则原数能被 19 整除。

（10）判断一个数能否被 6、10、14、15 等数整除，我们知道，$6=2\times3,10=2\times5,14=2\times7,15=3\times7$。所以要判断一个数能否被 6、10、14、15 整除，只要判断这个数能否同时被分解出来的两个因数整除即可。

3) 一个数被另一个数整除需含有对方所具有的质数因子

（1）1 与 0 的特性：1 是任何整数的约数，0 是任何非零整数的倍数。

（2）若一个整数的末位是 0、2、4、6 或 8，则这个数能被 2 整除。

（3）若一个整数的数字和能被 3(9)整除，则这个整数能被 3(9)整除。

（4）若一个整数的末尾两位数能被 4(25)整除，则这个数能被 4(25)整除。

（5）若一个整数的末位是 0 或 5，则这个数能被 5 整除。

（6）若一个整数能被 2 和 3 整除，则这个数能被 6 整除。

（7）若一个整数的个位数字截去，再从余下的数中，减去个位数的 2 倍，如果差是 7 的倍数，则原数能被 7 整除。

（8）若一个整数的末尾三位数能被 8(125)整除，则这个数能被 8(125)整除。

（9）若一个整数的末位是 0，则这个数能被 10 整除。

（10）若一个整数的奇位数字之和与偶位数字之和的差能被 11 整除，则这个数能被 11 整除（不够减时依次加 11 直至够减为止）。

（11）若一个整数能被 3 和 4 整除，则这个数能被 12 整除。

（12）若一个整数的个位数字截去，再从余下的数中，加上个位数的 4 倍，如果差是 13 的倍数，则原数能被 13 整除。

一个三位以上的整数能否被 7(11 或 13)整除，只需看这个数的末三位数字表示的三位数与末三位数字以前的数字所组成的数的差（以大减小）能否被 7(11 或 13)整除。

另法：将一个多位数从后往前三位一组进行分段。奇数段各三位数之和与偶数段各三位数之和的差若能被 7(11 或 13)整除，则原多位数也能被 7(11 或 13)整除。

（13）若一个整数的个位数字截去，再从余下的数中，减去个位数的 5 倍，如果差是 17 的倍数，则原数能被 17 整除。

（14）若一个整数的个位数字截去，再从余下的数中，加上个位数的 2 倍，如果差是 19 的倍数，则原数能被 19 整除。

（15）若一个整数的末三位组成的数与剩余数字乘以 3 所得数的差（大数减小数）能被 17 整除，则这个数能被 17 整除。

（16）若一个整数的末三位组成的数与剩余数字乘以 3 所得数的差（大数减小数）能被 19 整除，则这个数能被 19 整除。

（17）若一个整数的末四位与前面 5 倍的隔出数的差能被 23（或 29）整除，则这个数能被 23（或 29）整除。

5．判断奇偶特性

概念：

在整数中，不能被 2 整除的数叫作奇数。日常生活中，人们通常把奇数叫作单数，它跟偶数是相对的。

在整数中，能被 2 整除的数叫作偶数。日常生活中，人们通常把偶数叫作双数，它跟奇数是相对的。

所有整数不是奇数（单数），就是偶数（双数）。

性质：

关于奇数和偶数，有下面一些性质。

（1）两个连续整数中必有一个奇数和一个偶数。

（2）奇数跟奇数的和是偶数；偶数跟奇数的和是奇数；任意多个偶数的和是偶数；奇偶性相同的两数之和为偶数；奇偶性不同的两数之和为奇数。

（3）两个奇（偶）数的差是偶数；一个偶数与一个奇数的差是奇数。

（4）奇数个奇数与任意个偶数相加减时，得到的结果（和或差）必为奇数，偶数个奇数与任意个偶数相加减时，得到的结果（和或差）必为偶数。

（5）奇数与奇数的积是奇数；偶数与偶数的积是偶数；奇数与偶数的积是偶数。

（6）n 个奇数的乘积是奇数，n 个偶数的乘积是偶数；n 个数相乘，其中有一个是偶数，则乘积是偶数。

（7）奇数的个位一定是 1、3、5、7、9；偶数的个位一定是 0、2、4、6、8。所以，在十进制里，可以用看个位数的方式判定该数是奇数（单数)还是偶数(双数)。

（8）除 2 以外所有的正偶数均为合数。

（9）相邻偶数最大公约数为 2，最小公倍数为它们乘积的一半。

（10）偶数的平方可以被 4 整除，奇数的平方除以 2、4、8 余 1。

（11）任意两个奇数的平方差是 2、4、8 的倍数。

（12）每个奇数与 2 的商都余 1。

（13）著名数学家毕达哥拉斯发现一个有趣的奇数现象：将奇数连续相加，每次的得数正好是一个平方数。如：

$$1+3=2^2$$
$$1+3+5=3^2$$
$$1+3+5+7=4^2$$
$$1+3+5+7+9=5^2$$
$$1+3+5+7+9+11=6^2$$
$$1+3+5+7+9+11+13=7^2$$
$$1+3+5+7+9+11+13+15=8^2$$
$$1+3+5+7+9+11+13+15+17=9^2$$
……

（14）哥德巴赫猜想说明任何大于 2 的偶数(双数)都可以写为两个质数之和，但尚未有人能证明这个猜想。

十八、整体法

整体法是当我们无法或者不方便计算出各个个体的数值时，可以将一个或多个个体看成一个整体来考虑，从而简化问题。

例如，小明去超市买笔，发现买 1 支钢笔和 4 支圆珠笔要 30 元钱，买 3 支钢笔和 4 支铅笔要 50 元钱。请问：如果钢笔、圆珠笔、铅笔各买一支，需要多少钱？

我们可以看出，本题无法分别求出每支钢笔、圆珠笔、铅笔多少钱，但是我们发现如果把它们加起来，即买 4 支钢笔、4 支圆珠笔、4 支铅笔需要：30＋50＝80(元)。这样钢笔、圆珠笔、铅笔各买一支，需要：$80 \div 4 = 20$(元)。

在解一些复杂的因式分解问题时，整体法又叫作换元法，即对结构比较复杂的多项式，把其中某些部分看成一个整体，用新字母代替（即换元），这样可以使复杂的问题简单化、明朗化，在减少多项式项数，降低多项式结构复杂程度等方面有独到作用。

1. 用整体法计算复杂计算题

方法：

(1) 把算式中某个复杂的部分看成一个整体。

(2) 用一个简单数值或字母代替它。

(3) 将其消掉，或者算出比较简单的算式。

(4) 还原，计算出最终结果。

例子：

(1) 计算 $\left(1 + \dfrac{1}{2} + \dfrac{1}{3} + \dfrac{1}{4}\right) \times \left(\dfrac{1}{2} + \dfrac{1}{3} + \dfrac{1}{4} + \dfrac{1}{5}\right) - \left(1 + \dfrac{1}{2} + \dfrac{1}{3} + \dfrac{1}{4} + \dfrac{1}{5}\right) \times \left(\dfrac{1}{2} + \dfrac{1}{3} + \dfrac{1}{4}\right) = $ _____。

解：

这道题如果直接通分计算太麻烦，观察题目，会发现各项都含有 $\dfrac{1}{2} + \dfrac{1}{3} + \dfrac{1}{4}$，我们设：

$$\frac{1}{2} + \frac{1}{3} + \frac{1}{4} = A$$

则：

$$原式 = (1 + A) \times \left(A + \frac{1}{5}\right) - \left(1 + A + \frac{1}{5}\right) \times A$$

$$= A + \frac{1}{5} + A^2 + \frac{1}{5}A - A - A^2 - \frac{1}{5}A$$

$$= \frac{1}{5}$$

所以，$\left(1 + \dfrac{1}{2} + \dfrac{1}{3} + \dfrac{1}{4}\right) \times \left(\dfrac{1}{2} + \dfrac{1}{3} + \dfrac{1}{4} + \dfrac{1}{5}\right) - \left(1 + \dfrac{1}{2} + \dfrac{1}{3} + \right.$

$$\left(\frac{1}{4}+\frac{1}{5}\right)\times\left(\frac{1}{2}+\frac{1}{3}+\frac{1}{4}\right)=\frac{1}{5}.$$

（2）计算$(2+3.15+5.87)\times(3.15+5.87+7.32)-(2+3.15+5.87+7.32)\times(3.15+5.87)=$ _____。

设：　　　　　　　　　$3.15+5.87=A$

原式$=(2+A)\times(A+7.32)-(2+A+7.32)\times A$

再设：　　　　　　　　$A+7.32=B$

原式$=(2+A)\times B-(2+B)\times A$

$=2B+AB-2A-AB$

$=2(B-A)$

$=2(A+7.32-A)$

$=2\times7.32$

$=14.64$

所以，$(2+3.15+5.87)\times(3.15+5.87+7.32)-(2+3.15+5.87+7.32)\times(3.15+5.87)=14.64$。

（3）解方程$\left(\frac{x}{x-1}\right)^2+\frac{5x}{x-1}-6=0$。

解：

设　　　　　　　　　$\frac{x}{x-1}=A$

原式$=A^2+5A-6=0$

解得：

$$A=-6\ \text{或}\ 1$$

即$\frac{x}{x-1}=-6$或1。

因为$\frac{x}{x-1}=1$无解，

所以，$\frac{x}{x-1}=-6$。

解得：

$$x=\frac{6}{7}$$

所以方程 $\left(\dfrac{x}{x-1}\right)^2+\dfrac{5x}{x-1}-6=0$ 的解为 $x=\dfrac{6}{7}$。

练习：

（1）计算 $(1+0.23+0.34)\times(0.23+0.34+0.65)-(1+0.23+0.34+0.65)\times(0.23+0.34)=$ _____。

（2）解方程 $(x^2-2x)^2-3(x^2-2x)-4=0$。

（3）用换元法解方程组：
$$\begin{cases}(x+5)+(y-4)=8\\(x+5)-(y-4)=4\end{cases}$$

2. 两行竖式加法

两行竖式加法是加法运算的基础，也是一个通用的法则，它可以应用到任何加法运算之中，是加法计算的重中之重，我们一定要掌握。

方法：

（1）将两个加数凑成同位数，不足的前面加 0，如原来就是同位数则都加 0，并列成竖式。

（2）从左到右依次运用下面口诀计算，将结果写在竖式下面。

口诀：①后位满 10 多加 1；②后位和 9 隔位看；③后位小 9 直写和。

注意：这种计算方法的特点是从左到右计算，算前看后，提前进位，答案一次写出。熟练掌握后可以不必再列竖式，也可以前面不用加 0，还能运用到连加、连减的运算之中。

例子：

（1）计算 867＋534＝_____。

解：

$$
\begin{array}{r}
0\,8\,6\,7 \\
+\ \ 0\,5\,3\,4 \\
\hline
1\,4\,0\,1
\end{array}
$$

从左往右看。

第一步：两个千位数零的后位 8＋5＝13，已满 10。用口诀：后位满 10 多加 1，两个 0 的下边应该是 0＋0＋1＝1，所以下面写 1。

第二步：看百位 8＋5＝13（13 的 10 已进位），在写 3 时，应先看后位，后位 6＋3＝9。根据口诀：后位和 9 隔位看，所以要再看个位数 7＋4 为 11，所以百位需要进 1。即在百位下面写 3＋1＝4。

第三步：6＋3＝9，先看后位情况 7＋4＝11，已经满 10。用口诀：后位满 10 多加 1，9＋1＝10，所以十位上写 0。

第四步：7＋4＝11（10 已经进位），只写个位数 1 即可。

所以 867＋534＝1401。

（2）计算 18167＋25233＝_____。

解：

我们试着不写前面的 0。

$$
\begin{array}{r}
1\,8\,1\,6\,7 \\
+\ 2\,5\,2\,3\,3 \\
\hline
4\,3\,4\,0\,0
\end{array}
$$

从左往右看。

第一步：两个万位数的后位 $8+5=13$，已满 10。用口诀：后位满 10 多加 1，所以万位下边应该是 $1+2+1=4$，所以下面写 4；

第二步：看千位 $8+5=13$（10 已进位），在写 3 时，应先看后位，后位 $1+2=3$。根据口诀：后位小 9 直写和，所以千位写 3。

第三步：$1+2=3$，后位情况 $6+3=9$，还需要再看下一位，已经满 10，所以第三位要再加 1，$3+1=4$。

第四步：其实这一步在刚才就可以确定了，为 0。

第五步，$7+3=10$（10 已经进位），只写个位数 0。

所以 $18167+25233=43400$。

（3）计算 $377+235=$ _____。

解：

$$3\,7\,7+2\,3\,5=612$$

这种数位不多的情况，我们可省略前面的 0，也可以再进一步省略竖式。

从左往右看。

第一步：两个百位数的后位 $7+3=10$，已满 10，所以百位多加 1，为 6。

第二步：看十位 $7+3=10$（10 已进位），在写 0 时，应先看后位，后位 $7+5=12$，所以加 1，即在十位下面写 $0+1=1$。

第三步：$7+5=12$，10 已进位，个位上写 2。

所以 $377+235=612$。

注意：这种两行竖式加法，在我们刚开始学的时候，由于不熟练，可能会觉得每次都要运用口诀很麻烦，速度也没有传统方法快。但是一旦掌握了这种方法，就会获益匪浅，还会为后面的运算打下牢固的基础。

练习：

（1）计算 $1823+7202=$ _____。

（2）计算 675＋713＝_____。

（3）计算 322324＋135572＝_____。

3. 三行竖式加法

三行竖式加法是建立在两行竖式加法的基础上进行计算的，所以，必须把两行竖式加法掌握得非常熟练，才能进行三行竖式加法的学习。

方法：

（1）将三个加数凑成同位数，不足的前面加 0，如原来就是同位数则都加 0，并列成三行竖式。

（2）根据两行竖式加法的口诀算出下面两行的结果。

（3）依然用两行竖式加法的口诀将上一步的结果与第一行数字相加，将结果写在竖式下面。

例子：

（1）计算 234＋456＋678＝_____。

解：

先用两行竖式加法计算　　　　456＋678＝1134

再用两行竖式加法计算　　　　234＋1134＝1368

所以　　　　　　　　234＋456＋678＝1368

（2）计算 525＋561＋163＝_____。

解：

先用两行竖式加法计算　　　　561＋163＝724

再用两行竖式加法计算　　　　525＋724＝1249

所以　　　　　　525＋561＋163＝1249

（3）计算 1525＋2563＋4363＝_____。

解：

先用两行竖式加法计算　　　　2563＋4363＝6926

再用两行竖式加法计算　　　　1525＋6926＝8451

所以　　　　　1525＋2563＋4363＝8451

注意：三行竖式加法刚开始学的时候，第二行与第三行相加之和可以写出来，再与第一行相加。熟练以后，相加之和直接与第一行再相加，就是其总和。

横式的多位数连加计算题，甚至根本用不着再去列竖式，而直接用两行竖式加法的口诀来计算，瞬间就能计算出答案。

练习：

（1）计算 26376＋47896＋74596＝_____。

（2）计算 48723＋32547＋27418＝_____。

（3）计算 637624＋254454＋7565759＝_____。

4. 两行竖式减法

与两行竖式加法一样，两行竖式减法是减法运算的基础，也是一个通用的法则，它可以应用到任何减法运算中，是减法计算的重中之重，我们一定要掌握。

方法：

（1）将两个数凑成同位数，不足的前面加0（同位数不必加0），并列成竖式。

（2）从左到右依次运用下面口诀计算，将结果写在竖式下面。

口诀：①后位上小下大多减一；②后位上下相等隔位看；③后位上大下小直写差。

注意：这种计算方法也是从左到右计算，算前看后，提前退位，答案一次得出。熟练掌握后，不必再列竖式，只要一看，答案就能马上出来。

例子：

（1）计算 $682-485=$ _____ 。

解：

$$
\begin{array}{r}
6\,8\,2 \\
-\ 4\,8\,5 \\
\hline
1\,9\,7
\end{array}
$$

第一步：百位数相减，$6-4=2$，看后面一位，上下相等，还要再看下一位，上小下大，所以要减1，所以百位数为 $2-1=1$。

第二步：十位数相减，因为百位数多减了1，所以十位是 $18-8=10$，看后面一位，上小下大，所以再要减1，所以十位数为 $10-1=9$。

第三步：个位数相减，因为十位数多减了1，所以个位是 $12-5=7$，即个位数为7。

所以，$682-485=197$。

（2）计算 $1824-1486=$ _____ 。

解：

$$
\begin{array}{r}
1\,8\,2\,4 \\
-\ 1\,4\,8\,6 \\
\hline
0\,3\,3\,8
\end{array}
$$

第一步：千位数相减，$1-1=0$，看后面一位，上大下小，所以千位数为 0。

第二步：百位数相减，$8-4=4$，看后面一位，上小下大，需要多减 1，所以百位为 $4-1=3$。

第三步：十位数相减，因为百位数多减了 1，所以十位是 $12-8=4$，看后面一位，上小下大，所以要再减 1，所以十位数为 $4-1=3$。

第四步：个位数相减，因为十位数多减了 1，所以个位 $14-6=8$，即个位数为 8。

所以，$1824-1486=338$。

(3) 计算 $6218-1424=$ _____。

解：

$$
\begin{array}{r}
6\,2\,1\,8 \\
-\ 1\,4\,2\,4 \\
\hline
4\,7\,9\,4
\end{array}
$$

第一步：千位数相减，$6-1=5$，看后面一位，上大下小，多减 1，所以千位数为 4。

第二步：百位数相减，因为前一位多减了 1，所以是 $12-4=8$，看后面一位，上小下大，需要多减 1，所以百位为 $8-1=7$。

第三步：十位数相减，因为百位数多减了 1，所以十位是 $11-2=9$，看后面一位，上大下小，所以十位数为 9。

第四步：个位数相减，$8-4=4$，即个位数为 4。

所以，$6218-1424=4794$。

注意：同样，这种两行竖式减法，在我们刚开始学的时候，由于不熟练，可能会觉得每次都要运用口诀很麻烦，速度也没有传统方法快。但是一旦掌握了这种方法，看到题目不用算，马上就能答出来，还会为后面的运算打下牢固的基础，所以一定要认真掌握。

练习：

(1) 计算 $2223-1853=$ _____。

（2）计算 346742－42823＝_____。

（3）计算 622732－248333＝_____。

5. 三行竖式减法

三行竖式减法,用常规的方法计算当然比较麻烦,又容易出错,如果把它改一改,把第二行和第三行先加起来,再用第一行减去后两行之和,就简单多了。

方法：

（1）运用两行竖式加法把后两个数字加起来。

（2）根据两行竖式减法用第一个数字减去上一步的结果。

例子：

（1）计算 8194－3243－4189＝_____。

解：

第一步：先把第二行的减数 3243 和第三行的减数 4189 用两行竖式加法口诀,计算出其和为 7432。

第二步：用两行竖式减法,计算第一行的数字 8194 与上一步的结果 7432 之间的差。

即　　　　　　　　$8194－7432＝762$

所以　　　　　　　$8194－3243－4189＝762$

（2）计算 2289－146－891＝_____。

解：

$$146＋891＝1037$$

$$2289 - 1037 = 1252$$

所以 $2289 - 146 - 891 = 1252$

（3）计算 $4187 - 1326 - 1277 = $ _____。

解：

$$1326 + 1277 = 2603$$

$$4187 - 2603 = 1584$$

所以 $4187 - 1326 - 1277 = 1584$

练习：

（1）计算 $8976 - 5314 - 1849 = $ _____。

（2）计算 $35847 - 8316 - 11989 = $ _____。

（3）计算 $9944 - 2336 - 4197 = $ _____。

十九、手算法

　　手算法是使用手指进行计数,按照过一定的规则,通过手指的屈伸开合等动作,辅助计算一些简单的、有规律的数学运算。通过这种直观的操作和动手的乐趣,能够快速提高孩子对数学的兴趣,引导孩子走进奇妙的数学世界。

　　手算法主要包括:认识数字、数数字、手指计算等,十个手指简单一比划,正确答案就直接呈现出来了,非常有意思。

1. 一位数与 9 相乘的手算法

方法:

　　(1) 伸出双手,并列放置,手心对着自己。

　　(2) 从左到右的 10 根手指分别编号为 1~10。

　　(3) 计算某个数与 9 的乘积时,只需将编号为这个数的手指弯曲起来,然后数弯曲的手指左边和右边各有几根手指即可。

　　(4) 弯曲手指左边的手指数为结果的十位数字,弯曲手指右边的手指数为结果的个位数字,这样就可以轻松得到结果。

　　例子:

　　(1) 计算 $2 \times 9 =$ _____。

　　解:

　　① 伸出 10 根手指。

　　② 将左起第二根手指弯曲。

　　③ 数出弯曲手指左边的手指数为 1。

　　④ 数出弯曲手指右边的手指数为 8。

　　⑤ 结果即为 18。

　　⑥ 所以,$2 \times 9 = 18$。

　　(2) 计算 $9 \times 9 =$ _____。

　　解:

　　① 伸出 10 根手指。

② 将左起第 9 根手指弯曲。

③ 数出弯曲手指左边的手指数为 8。

④ 数出弯曲手指右边的手指数为 1。

⑤ 结果即为 81。

⑥ 所以,$9 \times 9 = 81$。

(3) 计算 $5 \times 9 = $ _____。

解:

① 伸出 10 根手指。

② 将左起第 5 根手指弯曲。

③ 数出弯曲手指左边的手指数为 4。

④ 数出弯曲手指右边的手指数为 5。

⑤ 结果即为 45。

⑥ 所以,$5 \times 9 = 45$。

练习:

(1) 计算 $1 \times 9 = $ _____。

(2) 计算 $4 \times 9 = $ _____。

(3) 计算 $8 \times 9 = $ _____。

2. 两位数与 9 相乘的手算法

方法:

(1) 伸出双手,并列放置,手心对着自己。

(2) 从左到右的 10 根手指分别编号为 1～10。

(3) 计算某个两位数与 9 的乘积时,两位数的十位数字是几,就加大第几根手指与后面手指的指缝。

(4) 两位数的个位数字是几,就把编号为这个数的手指弯曲起来。

(5) 指缝前面的伸直的手指数为结果的百位数字,指缝右边开始到弯曲手指之间的手指数为结果的十位数字,弯曲手指右边的手指数为结果的个位数字(如果弯曲的手指不在指缝的右边,则从外面计算)。这样就可以轻松得到结果。

例子:

(1) 计算 $28 \times 9 =$ _____。

解:

① 伸出 10 根手指。

② 因为十位数是 2,所以把第二根手指与第三根手指间的指缝加大。

③ 因为个位数是 8,将左起第八根手指弯曲。

④ 数出指缝前伸直的手指数为 2。

⑤ 数出指缝右边到弯曲手指之间的手指数为 5。

⑥ 数出弯曲手指右边的手指数为 2。

⑦ 结果即为 252。

⑧ 所以,$28 \times 9 = 252$。

(2) 计算 $65 \times 9 =$ _____。

解:

① 伸出 10 根手指。

② 因为十位数是 6,所以把第六根手指与第七根手指间的指缝加大。

③ 因为个位数是 5,将左起第五根手指弯曲。

④ 数出指缝前伸直的手指数为 5。

⑤ 数出指缝右边到弯曲手指之间的手指数,因为弯曲手指在指缝的左边,所以从外面数,即指缝右边有 4 根手指,最前面到弯曲手指之间有 4 根手指,加起来为 8。

⑥ 数出弯曲手指右边的手指数为 5。

⑦ 结果即为 585。

⑧ 所以,$65 \times 9 = 585$。

(3) 计算 $77 \times 9 =$ _____。

解:

① 伸出 10 根手指。

② 因为十位数是 7,所以把第七根手指与第八根手指间的指缝加大。

③ 因为个位数是 7,将左起第七根手指弯曲。

④ 数出指缝前伸直的手指数为 6。

⑤ 数出指缝右边到弯曲手指之间的手指数,因为弯曲手指在指缝的左边,所以从外面数,即指缝右边有 3 根手指,最前面到弯曲手指之间有 6 根手指,加起来为 9。

⑥ 数出弯曲手指右边的手指数为 3。

⑦ 结果即为 693。

⑧ 所以,$77 \times 9 = 693$。

练习:

(1) 计算 $12 \times 9 =$ _____。

（2）计算 99×9＝_____。

（3）计算 41×9＝_____。

3. 6～10 之间乘法的手算法

方法：

（1）伸出双手,手心对着自己,指尖相对。

（2）从每只手的小拇指开始到大拇指,分别编号为 6～10。

（3）计算两个 6～10 之间的数相乘时,就将左手表示被乘数的手指与右手表示乘数的手指对在一起。

（4）这时,相对的两个手指及下面的手指数之和为结果十位上的数字。

（5）上面手指数的乘积为结果个位上的数字。

例子：

（1）计算 8×9＝_____。

解：

① 伸出双手,手心对着自己,指尖相对。

② 因为被乘数是 8,乘数是 9,所以把左手代表 8 的手指（中指）和右手代表 9 的手指（食指）对起来。

③ 此时,相对的两个手指加上下面的 5 根手指是 7。

④ 上面左手有 2 根手指,右手有 1 根手指,乘积为 2。

⑤ 所以结果为 72。

⑥ 所以,8×9＝72。

（2）计算 6×8＝_____。

解：

① 伸出双手,手心对着自己,指尖相对。

② 因为被乘数是 6,乘数是 8,所以把左手代表 6 的手指(小拇指)和右手代表 8 的手指(中指)对起来。

③ 此时,相对的两个手指加上下面的 2 根手指是 4。

④ 上面左手有 4 根手指,右手有 2 根手指,乘积为 8。

⑤ 所以结果为 48。

⑥ 所以,6×8＝48。

（3）计算 9×10＝_____。

解：

① 伸出双手,手心对着自己,指尖相对。

② 因为被乘数是 9,乘数是 10,所以把左手代表 9 的手指(食指)和右手代表 10 的手指(大拇指)对起来。

③ 此时,相对的两个手指加上下面 7 根手指是 9。

④ 上面左手有 1 根手指,右手有 0 根手指,乘积为 0。

⑤ 所以结果为 90。

⑥ 所以,9×10＝90。

练习：

（1）计算 9×9＝_____。

（2）计算 6×10＝_____。

（3）计算 $7 \times 6 =$ _____。

4. 11~15 之间乘法的手算法

方法：

（1）伸出双手，手心对着自己，指尖相对。

（2）从每只手的小拇指开始到大拇指，分别编号为 11~15。

（3）计算两个 11~15 之间的数相乘时，就将左手表示被乘数的手指与右手表示乘数的手指对在一起。

（4）这时，相对的两根手指及下面的手指数之和为结果十位上的数字。

（5）相对手指的下面左手手指数（包括相对的手指）和右手手指数的乘积为结果个位上的数字。

（6）在上面结果的百位上加上 1 即可。

例子：

（1）计算 $12 \times 14 =$ _____。

解：

① 伸出双手，手心对着自己，指尖相对。

② 因为被乘数是 12，乘数是 14，所以把左手代表 12 的手指（无名指）和右手代表 14 的手指（食指）对起来。

③ 此时，相对的两个手指加上下面的 4 根手指是 6。

④ 下面左手有 2 根手指，右手有 4 根手指，乘积为 8。

⑤ 百位上加上 1，结果为 168。

⑥ 所以，$12 \times 14 = 168$。

（2）计算 $15 \times 13 =$ _____。

解：

① 伸出双手，手心对着自己，指尖相对。

② 因为被乘数是 15,乘数是 13,所以把左手代表 15 的手指(大拇指)和右手代表 13 的手指(中指)对起来。

③ 此时,相对的两个手指加上下面的 6 根手指是 8。

④ 下面左手有 5 根手指,右手有 3 根手指,乘积为 15。

⑤ 百位上加上 1,结果为 195(注意进位)。

⑥ 所以,15×13＝195。

(3) 计算 11×11＝_____。

解:

① 伸出双手,手心对着自己,指尖相对。

② 因为被乘数是 11,乘数是 11,所以把左手代表 11 的手指(小拇指)和右手代表 11 的手指(小拇指)对起来。

③ 此时,相对的两个手指加上下面的 0 根手指是 2。

④ 下面左手有 1 根手指,右手有 1 根手指,乘积为 1。

⑤ 百位上加上 1,结果为 121。

⑥ 所以,11×11＝121。

练习:

(1) 计算 15×15＝_____。

(2) 计算 11×14＝_____。

（3）计算 $12 \times 13 =$ _____。

5. 16～20 之间乘法的手算法

方法：

（1）伸出双手，手心对着自己，指尖相对。

（2）从每只手的小拇指开始到大拇指，分别编号为 16～20。

（3）计算两个 16～20 之间的数相乘时，就将左手表示被乘数的手指与右手表示乘数的手指对在一起。

（4）包括相对的手指在内，把下方的左手手指数量和右手手指数量相加，再乘以 2，为结果十位上的数字。

（5）上方剩余的左手手指数和右手手指数的乘积为结果个位上的数字。

（6）在上面结果的百位加上 2 即可。

例子：

（1）计算 $18 \times 19 =$ _____。

解：

① 伸出双手，手心对着自己，指尖相对。

② 因为被乘数是 18，乘数是 19，所以把左手代表 18 的手指（中指）和右手代表 19 的手指（食指）对起来。

③ 相对的两个手指加上下面，左手有 3 根手指，右手有 4 根手指，和为 7，再乘以 2，所以十位的数字为 14（需进位）。

④ 上面左手有 2 根手指，右手有 1 根手指，乘积为 2。所以个位的数字为 2。

⑤ 百位上加上 2，结果为 342。（注意进位）

⑥ 所以，$18 \times 19 = 342$。

（2）计算 $16 \times 20 =$ _____。

解：

① 伸出双手，手心对着自己，指尖相对。

② 因为被乘数是 16，乘数是 20，所以把左手代表 16 的手指（小拇指）和右手代表 20 的手指（大拇指）对起来。

③ 相对的两个手指加上下面，左手有 1 根手指，右手有 5 根手指，和为 6，再乘以 2，所以十位的数字为 12（需进位）。

④ 上面左手有 4 根手指，右手有 0 根手指，乘积为 0。所以个位的数字为 0。

⑤ 百位上加上 2，结果为 320。（注意进位）

⑥ 所以，$16 \times 20 = 320$。

（3）计算 $19 \times 19 =$ _____。

解：

① 伸出双手，手心对着自己，指尖相对。

② 因为被乘数是 19，乘数是 19，所以把左手代表 19 的手指（食指）和右手代表 19 的手指（食指）对起来。

③ 相对的两个手指加上下面，左手有 4 根手指，右手有 4 根手指，和为 8，再乘以 2，所以十位的数字为 16（需进位）。

④ 上面左手有 1 根手指，右手有 1 根手指，乘积为 1。所以个位的数字为 1。

⑤ 百位上加上 2，结果为 361。（注意进位）

⑥ 所以，$19 \times 19 = 361$。

练习：

（1）计算 $16 \times 16 =$ _____。

（2）计算 $16 \times 19 =$ _____。

（3）计算 $18 \times 17 =$ _____。

二十、印度验算法

我们平时进行验算时，往往是重新计算一遍，看结果是否与上一次的结果相同，这相当于用两倍的时间计算一个题目。而印度的验算法相当简单，也叫作"模总和"查错法。首先我们需要定义一个方法 $N(a)$，它的目的是将一个多位数 a 转化为一个一位数，这个一位数就是数字 a 的"模总和"。它的运算规则如下：①如果 a 是多位数，那么"模总和" $N(a)$ 就等于 N（这个多位数各位上数字的和）；②如果 a 是个一位数，那么 $N(a) = a$；③如果 a 是负数，那么 $N(a) = a + 9$；④ $N(a) + N(b) = a + b, N(a) - N(b) = a - b, N(a) \times N(a) = a \times b$。

有了这个定义，我们就可以很容易推算出若干个数字的和（差或积）的"模总和"等于这几个数字的"模总和"之和，所以我们就可以用"模总和"查错法对加减乘法进行验算（除法不适用）。当然，这个方法并不是完全精确的，因为"模总和"只有 $1 \sim 9$ 九个，所以有可能出现巧合而无法查出错误。但是计算错误而两者结果相同的概率很低，用这种方法检查出错误的概率为 $8/9$。

下面具体介绍"模总和"查错法。

293

方法：

（1）求出算式的"模总和"。

（2）求出结果的"模总和"。

（3）对比两个"模总和"是否相等。相等则表示运算正确，不相等则表示运算错误。

例子：

（1）验算 $75+26=101$。

解：

左边：

$$N(75)+N(26)=N(7+5)+N(2+6)$$
$$=N(12)+N(8)$$
$$=N(1+2)+N(8)$$
$$=N(3)+N(8)$$
$$=N(3+8)$$
$$=N(11)$$
$$=N(2)$$
$$=2$$

右边：

$$N(101)=N(1+0+1)$$
$$=N(2)$$
$$=2$$

左边和右边相等，说明计算正确。

（2）验算 $75-26=49$。

解：

左边：

$$N(75)-N(26)=N(7+5)-N(2+6)$$
$$=N(12)-N(8)（注：这一步可以直接得到 4，下面$$
$$的方法是让大家了解负数的情况如何计算）$$
$$=N(1+2)-N(8)$$
$$=N(3)-N(8)$$

$$= N(3-8)$$
$$= N(-5)$$
$$= N(-5+9)$$
$$= N(4)$$
$$= 4$$

右边：

$$N(49) = N(4+9)$$
$$= N(13)$$
$$= N(1+3)$$
$$= N(4)$$
$$= 4$$

左边和右边相等，说明计算正确。

（3）验算 $75 \times 26 = 1950$。

解：

左边：

$$N(75) \times N(26) = N(7+5) \times N(2+6)$$
$$= N(12) \times N(8)$$
$$= N(96)$$
$$= N(9+6)$$
$$= N(15)$$
$$= N(1+5)$$
$$= N(6)$$
$$= 6$$

右边：

$$N(1950) = N(1+9+5+0)$$
$$= N(15)$$
$$= N(1+5)$$
$$= 6$$

左边和右边相等，说明计算正确。

练习：

（1）验算 88＋26＝114。

（2）验算 94＋63＝157。

（3）验算 105－26＝79。

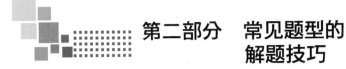

第二部分 常见题型的解题技巧

很多特殊方法和解题技巧都需要根据具体的题型进行选择和运用。下面我们简单介绍一些数学计算中常见的题型及它们的解题技巧。

1. 相遇问题

两个运动物体进行相向运动,或者在环形跑道上进行背向运动,一段时间之后,必然会面对面相遇,这类问题叫作相遇问题。它的特点是两个运动物体共同走完整个路程。

相遇问题根据数量关系可分成三种类型:求路程、求相遇时间、求速度。

它们的基本关系式如下:

(1) 总路程=(甲速度+乙速度)×相遇时间

(2) 相遇时间=总路程÷(甲速度+乙速度)

(3) 甲速度=甲乙速度和-乙速度

例子:

(1) 今有甲,发长安,五日至齐;乙发齐,七日至长安。今乙发已先二日,甲乃发长安。问几何日相逢?

这个题目的大意是:甲从长安出发,需五天时间到达齐;乙从齐出发,需七天时间到达长安。现在乙从齐出发两天后,甲才从长安出发,问几天后两人相遇?

解：

这个问题在古代是非常难的，但是现在我们来看，就是一个简单的相遇问题。设长安至齐的距离为 1，甲的速度为 1/5，乙的速度为 1/7，因为乙先出发 2 天，所以列出算式为

$$(1-2/7)/(1/5+1/7)=25/12（天）$$

也就是说，还要再经过 25/12 天两人才能相遇。

（2）我国著名数学家苏步青教授有一次在德国访问，一位有名的德国数学家在电车上给他出了一道题："甲、乙两人相向而行，距离为 50km。甲每小时走 3km，乙每小时走 2km。甲带一只狗，狗每小时跑 5km，狗跑得比人快，同甲一起出发，碰到乙后又往甲方向走，碰到甲后又往乙方向走，这样继续下去，直到甲、乙两人相遇时，这只狗一共跑了多少千米？"（假设狗的速度恒定，且不计转弯的时间。）

解：

这个问题其实很简单，关键点在于不计狗转弯的时间而且速度恒定。也就是说，只要计算出小狗跑这段路程一共所需要的时间就可以了，而这段时间正好与甲乙两人相遇的时间相同。所以 $t=50/(3+2)=10（小时）$，小狗跑的路程 $S=5×10=50（km）$。

（3）一位领导到北京开会，会议的主办方派司机王师傅去火车站接。本来王师傅算好了时间，可以与那列火车同时到达火车站。但是不巧的是，领导改变了行程时间，坐了前一趟火车到了北京。而王师傅还是按照预计时间出发的。领导一个人在车站等着也无事可做，就乘坐了一辆出租车前往会场，并通知了王师傅。出租车开了半个小时，出租车司机和王师傅在路上相遇了。领导上了王师傅的车，一刻也不耽误地赶到了会场，结果比预计时间早了 20 分钟。

请问，领导坐的车比预计的车早到了多长时间？

解：

王师傅比预计时间提前了 20 分钟到会场，也就是说他从遇到出租车到火车站这段路程来回需要 20 分钟。所以从相遇时到到达火车站，王师傅需要 10 分钟。也就是说，按照预计的时间，再过 10 分钟火车应该到站，但是此时上一趟火车已经到站 30 分钟了，所以领

导坐的车比预计的车早到了 40 分钟。

2．追及问题

两个运动物体在不同地点同时出发（或者在同一地点不同时出发，或者在不同地点不同时出发）作同向运动。在后面的物体行进速度要快一些，在前面的物体行进速度慢一些，在一定时间内，后面的物体会追上前面的物体。这类问题叫作追及问题。

它们的基本算式如下：

（1）追及时间＝追及路程÷（快速－慢速）

（2）追及路程＝（快速－慢速）×追及时间

根据速度差、距离差和追及时间三者之间的关系，常用下面的公式：

（1）距离差＝速度差×追及时间

（2）追及时间＝距离差÷速度差

（3）速度差＝距离差÷追及时间

（4）速度差＝快速－慢速

解题的关键是在互相关联、互相对应的距离差、速度差、追及时间三者之中找出两者，然后运用公式求出第三者。

追及问题的变化有很多种，比如著名的放水问题，其实质也可以理解为追及问题。

例如，一个水池有进水管和排水管，单开进水管，10 分钟可注满水；单开排水管，20 分钟可以将满池水排光；如果两根管同时开，多少分钟可注满整个水池？

这个题就可以按追击问题思路来做：进水的速度是 1/10，排水的速度是 1/20，两者的差为 1/20，所以 20 分钟可以注满。

例子：

（1）两辆车分别从甲地开往乙地，甲车每小时 120 千米，乙车每小时 75 千米，乙车先走 12 小时，问甲车几小时可以追上乙车？

解：

$$追击距离 = 75 \times 12$$

追击时间 $= 75 \times 12 \div (120 - 75) = 900 \div 45 = 20$(小时)

所以,要经过 20 小时甲车才能追上乙车。

(2)一只猎狗追赶一匹马,狗跳六次的时间,马只能跳 5 次,狗跳 4 次的距离和马跳 7 次的距离相同。马在前面,跑了 5.5 千米以后,狗开始在后面追赶。请问,马跑多长的距离,才被狗追上?

解:

设马跳 1 次的距离为 1 个单位距离,则狗跳 1 次的距离为 7/4 = 1.75(个)单位距离。

在相同时间内(取狗跳 6 次的时间,马跳 5 次的时间),狗跳的距离为 1.75×6 = 10.5(个)单位距离,马跳的距离为 1×5 = 5(个)单位距离,所以,狗和马的速度比为 10.5/5 = 2.1。

设马被狗追上时,跑的总距离为 S km,追赶过程中,狗跑的距离为 S km,马跑的距离为 $(S - 5.5)$ km。由相同时间内距离比等于速度比的关系,可得方程:

$$S/(S - 5.5) = 2.1$$

解得: $S = 10.5$(km)

所以,马一共跑了 10.5 km,即又跑了 5 km 时,才被狗追上。

(3)历史上曾经有一个非常著名的逻辑学悖论,叫阿基里斯追不上乌龟。

它的内容很有趣,说的是一名长跑运动员叫阿基里斯。一次,他和一只乌龟赛跑。假设运动员的速度是乌龟的 12 倍,这场比赛的结果是显而易见的,乌龟一定会输。

现在我们把乌龟的起跑线放在运动员前面 12 km 处,结果会是如何呢?

有人认为,这名运动员永远也追不上乌龟!理由是:当运动员跑了 12 km 时,那只乌龟也跑了 1 km,在运动员的前面。当运动员又跑了 1 km 的时候,那只乌龟又跑了 1/12 km,还是在运动员前面。就这样一直跑下去,虽然每次距离都在拉近,但是运动员每次都必须先到达乌龟的起始地点,那么这时又相当于运动员与乌龟两个相距一段路程比赛了。这样下去,运动员是永远也追不上乌龟的。

你是怎么认为的呢？运动员真追不上乌龟吗？

解：

显而易见，运动员当然会超过乌龟。

但是从逻辑上讲，这个问题的错误在于：人们把阿基里斯追赶乌龟的路程任意分割成无穷多段，而且认为，要走完这无穷多段路程，就非要无限长的时间不可。

其实并不是这样，因为被分割的无限多段路程，加起来还是那个常数。

要确定具体的超越点也是很容易的。

可以设乌龟跑了 S km后可以被追上，此时运动员跑了 $S+12$km。

则　　　　　　　　　$(S+12)/S=12/1$

解得　　　　　　　　$S=12/11(\text{km})$

这些哲学谜题在中国古代也有，例如"一尺之棰，日取其半，万世不竭"是讲一根棍棒，每天用掉一半，那么永远也用不完。但是我们要注意物质和空间是不同的，空间的无限分割更复杂。根据当代物理学原理，物质的无限分割有两方面，一方面是宏观物质不能无限分割，分割到分子或者原子的时候，物质就不能保持自身了。但是从物质起源看，到目前仍然不了解物质无限分割的界限，这是物理学上有关物质结构的问题。

3. 相离问题

两个运动物体由于背向运动而距离越来越远，这种问题就是相离问题。

其实从实质上说，相离问题就是反向的相遇问题。所以，解答相离问题的关键是求出两个运动物体的速度和。

基本公式有：

（1）两地距离＝速度和×相离时间

（2）相离时间＝两地距离÷速度和

（3）速度和＝两地距离÷相离时间

例子：

（1）爸爸和妈妈分别去上班，爸爸向东走，每分钟80m，妈妈向西走，每分钟60m。10min后两人相距多少米？

解：

$$(80+60)\times 10=1400(\mathrm{m})$$

所以，10分钟后两人相距1400m。

（2）两个人骑自行车沿着900m长的环形跑道行驶，他们从同一地点反向而行，经过18min相遇。若他们同向而行，经过180min甲车会追上乙车，求两人骑自行车的速度？

解：

两人的速度和$=900/18=50(\mathrm{m/min})$，设甲车的速度为$x$，那么有：

$$[x-(50-x)]\times 180=900$$

解得 $x=27.5\mathrm{m/min}$

所以甲车速度27.5m/min，乙车的速度$=50-27.5=22.5\mathrm{m/min}$。

（3）兔子和乌龟赛跑，它们沿着一个圆形的跑道背对背比赛，并规定谁先绕一圈回到出发点谁就胜利。兔子先让乌龟跑了1/8圈，然后才开始行动。但是这只兔子太骄傲了，慢吞吞地边走边啃胡萝卜，直到遇到了迎面而来的乌龟，它才慌了，因为在相遇的这一点上，兔子才跑了1/6圈。请问：兔子为了赢得这次比赛，它的速度至少要提高到原来的几倍呢？

解：

当它们相遇的时候，兔子跑了全程的1/6，而兔子跑的这段时间内，乌龟跑了17/24，也就是说乌龟的速度是兔子速度的17/4倍。兔子还有5/6圈的路程要跑，而乌龟只有1/6圈，所以兔子的速度就必须至少是乌龟的5倍，也就是它自己原来速度的85/4倍才行。

4. 流水问题

船只顺流而下和逆流而上的问题，通常称为流水问题，又叫行船问题。流水问题实质上来讲属于行程问题，仍然可以利用速度、时间、路程三者之间的关系进行解答。

流水问题的数量关系仍然是速度、时间与距离之间的关系。即：

（1）速度×时间＝距离

（2）距离÷速度＝时间

（3）距离÷时间＝速度

但是，因为河水是流动的，就有了顺流、逆流的区别。所以，在计算流水问题时，我们要注意各种速度的含义及它们之间的关系。

船在静水中行驶，单位时间内所走的距离叫作划行速度，也叫船速；而顺水行船的速度叫顺流速度；逆水行船的速度叫作逆流速度；船不靠动力顺水而行，单位时间内走的距离叫作水流速度。各种速度的关系如下：

（1）船速＋水流速度＝顺流速度

（2）船速－水流速度＝逆流速度

（3）（顺流速度＋逆流速度）÷2＝船速

（4）（顺流速度－逆流速度）÷2＝水流速度

例子：

（1）甲乙两地相距 300km，船速为 20km/h，水流速度为 5km/h，问来回需要多少时间？

解：

假设去的时候顺流，则速度为 20＋5＝25（km/h），所用时间为 300÷25＝12（h）；回来的时候逆流，则速度为 20－5＝15（km/h），所用时间为

$$300÷15＝20（h）$$
$$12＋20＝32（h）$$

所以，来回需要 32 小时。

（2）1990 年 5 月 10 日上午 9 点 30 分。豪华的"冰山"号大型游艇正在河上逆流而上，突然，身穿丧服的夏尔太太急匆匆找到船长说："糟了，我带的一个骨灰盒不见了！"

船长听了夏尔太太的话，不以为然，他笑着对她说："太太，别着急，好好想想看。骨灰盒恐怕是没有人会偷的吧！"

"不,不!"夏尔太太额头冒汗,连连解释,"它里边不仅有我父亲的骨灰,而且还有 3 颗价值 3 万马克的钻石。"

第二次世界大战前,夏尔太太的父亲科伦教授,应加拿大多伦多大学的聘请前去执教。后来战争爆发了,他出于对希特勒法西斯政权的不满就留在了加拿大。光阴荏苒一晃就是几十年。开始他只身在外,后来他的大女儿夏尔太太去加拿大照料他的生活。这一年春天,科伦教授突然得了重病卧床不起。弥留之际他嘱咐女儿务必把他的骨灰带回德国,并把自己多年的积蓄换成钻石分赠给在德国的 3 个女儿。

夏尔太太无比懊丧地对船长说:"正因为这样,我才一直把骨灰盒带在身边,我认为骨灰盒总不会有人偷的,没想到我人还未回到故乡,3 个妹妹还未见到父亲的骨灰,今天却……"

船长听罢原委,立即对游艇上所有进过夏尔太太舱房的人进行了调查,并记录了如下情况。

夏尔太太的女友弗路丝:9 点左右进舱同夏尔太太聊天;9 点零 5 分,因服务员安娜来整理舱房,两人到甲板上闲聊。

夏尔太太本人:9 点 10 分回舱房取照相机,发现服务员安娜正在翻动她的床头柜。夏尔太太恼怒地斥责了她几句,两个人争吵了 10 分钟,直到 9 点 20 分;9 点 25 分,女友弗路丝又进舱房邀请夏尔太太去甲板上观赏两岸风光,夏尔太太因心绪不佳,没有答应。

到了 9 点 30 分服务员离开后,夏尔太太发现骨灰盒不翼而飞……

如果夏尔太太陈述的事实是可信的,那么,盗贼肯定是安娜与弗路丝两个人中间的一个,但是无法肯定是谁。正在为难之际,有个船员向船长报告说:

"我隐约看见在船尾的波浪中有一只紫红色的小木盒在上下颠簸。"

船长赶到船尾一看,果然如船员所说。于是他当机立断下令返航寻找。此时是 10 点 30 分。到 11 点 45 分终于追上了那只正在江面上顺流而漂的小木盒,立即把它捞了上来。

经夏尔太太辨认,这个小木盒正是他父亲的骨灰盒,可是骨灰盒中的 3 颗钻石却没有了。

这时,船长又拿出了笔记本,细细地分析刚刚记录下来的情况,终于断定撬开骨灰盒窃取了钻石,然后将骨灰盒抛入水中的人是谁。

破案的结果同船长得出的结论是完全一致的。

你知道这些钻石是谁偷的吗?

解:

钻石是夏尔太太的女友弗路丝偷的。

要知道是谁作的案,就必须推断出谁有时间、有条件作案。我们不妨这样来推算:设水流速度为 u,船在静水中的速度为 v,那么船顺流时速度为 $v+u$;逆流时的速度为 $v-u$;再设投下骨灰盒的时间为 t_1。因为小木盒漂流的路程加上船逆流赶上小木盒所走的路程,等于船在 10 点 30 分到 11 点 45 分这段时间内顺流所走的路程,即:

$$(v-u)(10{:}30-t_1)+(11{:}45-t_1)u=(u+v)$$

$(11{:}45-10{:}30)$ 解此方程得 $t_1=9{:}15$,则投下骨灰盒的时间是 9:15 分,而此时安娜正在与夏尔太太争吵,她不可能作案;因此作案的是弗路丝。

5. 和差倍问题

和差倍问题分为和差问题、和倍问题、差倍问题。

（1）和差问题

已知两个数的和与差,求出这两个数各是多少的问题,叫作和差问题。

基本数量关系是:

$$（和＋差）÷2＝大数$$
$$（和－差）÷2＝小数$$

解答和差问题的关键是选择合适的数作为标准,设法把若干个不相等的数变为相等的数,某些复杂的题目没有直接告诉我们两个数的和与差,可以通过转化求它们的和与差,再按照和差问题的解法进行解答。

例子：

有甲乙两堆煤，共重 52 吨，已知甲比乙多 4 吨，两堆煤各重多少吨？

解：

我们先找出两个数的和与差。由题意这两堆煤共重 52 吨可知：两数的和是 52；又根据甲比乙多 4 吨可知：两数的差是 4。甲的煤多，甲是大数，乙是小数。故解法如下。

甲： $(52+4) \div 2 = 28$（吨）

乙： $28 - 4 = 24$（吨）

（2）和倍问题

已知两个数的和，又知两个数的倍数关系，求这两个数分别是多少，这类问题称为和倍问题。

要想顺利解决和倍问题，最好的方法就是根据题意，画出线段图，使数量关系一目了然，从而正确列式计算。

解决和倍问题的基本方法：将小数看成 1 份，大数是小数的 n 倍，大数就是 n 份，两个数一共是 $n+1$ 份。

基本数量关系：

小数 $=$ 和 $\div (n+1)$

大数 $=$ 小数 $\times$ 倍数 或 和 $-$ 小数 $=$ 大数

所以，解答和倍问题的关键是找出两数的和以及与其对应的倍数和。

如果遇到三个或三个以上的数的倍数关系，也可用这个公式（首先找最小的一个数，再找出另几个数是最小数的倍数即可）。

例子：

甲班和乙班共有图书 160 本，甲班的图书是乙班的 3 倍，甲乙两班各有多少本图书？

解：

从题目中可知，乙班的图书数较少，故乙是小数，占 1 份，甲占 $3+1$ 份。所以，

乙： $160 \div (3+1) = 40$（本）

甲： 160－40＝120（本）

（3）差倍问题

已知两个数的差，并且知道这两个数的倍数关系，求这两个数，这样的问题称为差倍问题。

解决差倍问题的基本方法：设小的数是 1 份，如果大数是小数的 n 倍，根据数量关系知道大数是 n 份，又知道大数与小数的差，即知道 $n－1$ 份是多少，就可以求出 1 份是多少。

基本数量关系：

小数＝差÷$(n－1)$

大数＝小数×n 或 大数＝差＋小数

例子：

一张桌子的价格是一把椅子的 3 倍，购买一张桌子比一把椅子贵 60 元。问桌椅各多少元？

解：

桌子的价格与椅子的价格的差是 60，将椅子看成小数占1份，桌子占 3 份，份数差为 3－1。所以，根据数量关系，可求得：

椅子的价格＝60÷（3－1）＝30（元）

桌子的价格＝30＋60＝90（元）

6．植树问题

按相等的距离植树，在距离、棵距、棵数这三个量之间，已知其中的两个量，求第三个量，这类问题叫作植树问题。

植树问题基本的数量关系如下。

（1）线形植树棵数＝距离÷棵距＋1

（2）环形植树棵数＝距离÷棵距

（3）方形植树棵数＝距离÷棵距－4

（4）三角形植树棵数＝距离÷棵距－3

（5）面积植树棵数＝面积÷（棵距×行距）

例子：

（1）一条河堤 136 米，每隔 2 米栽一棵垂柳，头尾都栽，一共要栽多少棵垂柳？

解：

$$136 \div 2 + 1 = 68 + 1 = 69（棵）$$

所以，一共要栽 69 棵垂柳。

（2）把 12 棵树栽成 7 行，要求每行 4 棵，你知道该怎么栽吗？

解：

答案如图 2-1 所示。

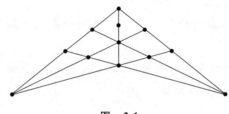

图　2-1

（3）把 27 棵树栽成 9 行，每行有 6 棵，且要使其中的 3 棵树单独栽在三个远离其他树木的地方。你知道该怎么栽吗？

解：

答案如图 2-2 所示。

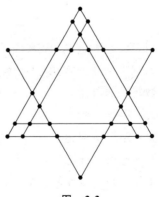

图　2-2

7. 浓度问题

浓度问题又叫溶液配比问题。我们知道,将盐溶于水就得到了盐水,其中盐叫溶质,水叫溶剂,盐水叫溶液。如果水的量不变,那么盐加得越多,盐水就越浓、越咸。也就是说,盐水咸的程度即盐水的浓度,是由盐(纯溶质)与盐水(盐水溶液＝盐＋水)二者质量的比值决定的。这个比值就叫盐水的含盐量。类似地,酒精溶于水中,纯酒精与酒精溶液二者质量的比值叫酒精含量。因此浓度就是用百分数表示的溶质质量与溶液质量的比值。

解答浓度问题,首先要弄清浓度问题的有关概念。

(1) 溶质:像食盐这样能溶于水或其他液体的纯净物质叫溶质。

(2) 溶剂:像水这样能溶解物质的纯净液体叫作溶剂。

(3) 溶液:溶质和溶剂的混合物(像盐放到水中溶成水)叫溶液。

(4) 浓度:溶质在溶液中所占的百分比叫作浓度。浓度又称为溶质的质量分数。

(5) 浓度＝溶质÷溶液×100％,或者浓度＝溶质÷(溶质＋溶剂)×100％。

(6) 溶液＝溶质÷浓度,溶质＝溶液×浓度。

下面是关于稀释、加浓的一些概念性说明。

盐水变淡——加水。

盐水变淡——加比这更稀浓度的盐水。

盐水变浓——加盐。

盐水变浓——加比这更高浓度的盐水。

盐水变浓——减水,蒸发水分。

综合来说,所有关于稀释和加浓的浓度问题都可以归纳为把 a 克 P_1％的溶液,和 b 克 P_2％的溶液混合。如果加水,则相当于加的是浓度 0％的溶液,加盐相当于加的是浓度 100％的溶液。(不考虑溶解度问题)

例子:

(1) 从装满 100g 浓度为 80％的盐水杯中倒出 40g 盐水后再倒

入清水将杯倒满,这样反复三次后,杯中盐水的浓度是_____。

A. 17.28% B. 28.8% C. 11.52% D. 48%

解:

开始时,溶质为 80 克。第一次倒出 40g,再加清水倒满,倒出了盐 $80 \times 40\%$,此时还剩盐 $80 \times 60\%$。同理,第二次,剩 $80 \times 60\% \times 60\%$。第三次,剩 $80 \times 60\%^3 = 17.28g$,所以最后浓度为 17.28%。

(2) 要把 30% 的糖水与 15% 的糖水混合,配成 25% 的糖水 600 克,需要 30% 和 15% 的糖水各多少克?

解:

假设全用 30% 的糖水溶液,那么含糖量就会多出 $600 \times (30\% - 25\%) = 30$(克),这是因为 30% 的糖水多用了。于是,我们设想在保证总重量 600 克不变的情况下,用 15% 的溶液来"换掉"一部分 30% 的溶液。这样,每"换掉"100 克,就会减少糖 $100 \times (30\% - 15\%) = 15$(克),所以需要"换掉"30% 的溶液(即"换上"15% 的溶液),则所得溶液为 $100 \times (30 \div 15) = 200$(克)。

由此可知,需要 15% 的溶液为 200 克,需要 30% 的溶液为 $600 - 200 = 400$(克)。

所以需要 15% 的糖水溶液为 200 克,需要 30% 的糖水为 400 克。

8. 工程问题

工程问题是把工作总量看成单位"1"的问题。由于工程问题解题中遇到的不是具体数量,与学生的习惯性思维相逆,同学们往往感到很抽象,不易理解。而一些比较难的工程问题,其数量关系一般很隐蔽,工作过程也较为复杂,往往会出现多人多次参与工作的情况,数量关系难以梳理清晰。

另外,一些较复杂的其他问题,其实质也是工程问题,我们不要被其表面特征迷惑。

工程问题是从分率(即一个量占另一个量的几分之几)的角度研究工作总量、工作时间和工作效率三个量之间的关系,它们有如下关系:

(1) 工作效率 × 工作时间 = 工作总量

(2) 工作总量÷工作效率＝工作时间

(3) 工作总量÷工作时间＝工作效率

下面介绍工程问题中的木桶原理。

木桶定律是讲一个水桶能装多少水取决于它最短的那块木板。也就是说，想让一个木桶盛满水，必须每块木板都一样平齐且无破损，如果这个桶的木板中有一块不齐或者某块木板下面有破洞，这个桶就无法盛满水。木桶定律也可称为短板效应。

例子：

(1) 一件工作，甲单独做 12 小时完成，乙单独做 9 小时可以完成。如果按照甲先乙后的顺序，每人每次 1 小时轮流进行，完成这件工作需要几小时？

解：

设这件工作为"1"，则甲、乙的工作效率分别是 1/12 和 1/9。按照甲先乙后的顺序，每人每次 1 小时轮流进行，甲、乙各工作 1 小时，完成这件工作的 7/36，甲、乙这样轮流进行了 5 次，即 10 小时后，完成了工作的 35/36，还剩下这件工作的 1/36，剩下的工作由甲来完成，还需要 1/3 小时，因此完成这件工作需要 31/3 小时。

(2) 一项工作由编号为 1～6 的工作组来单独完成，各自完成所需的时间是：5 天、7 天、8 天、9 天、10.5 天、18 天。现在将这项工作平均分配给这些工作组来共同完成。则需要_____天。

　A. 2.5　　　　　B. 3　　　　　C. 4.5　　　　　D. 6

解：

平均分配给这些组做，则每组做 1/6，需要的天数由最差效率的组决定。则需 1/6÷1/18＝3（天）。

9. 集合问题

集合是指具有某种特定性质的具体的或抽象的对象汇总成的集体，这些对象称为该集合的元素。

1）集合的性质

(1) 确定性：给定一个集合，任给一个元素，该元素或者属于或者不属于该集合,二者必居其一,不允许有模棱两可的情况出现。

(2)互异性:一个集合中,任何两个元素都认为是不相同的,即每个元素只能出现一次。有时需要对同一元素出现多次的情形进行刻画,可以使用多重集,其中的元素允许出现多次。

(3)无序性:一个集合中,每个元素的地位都是相同的,元素之间是无序的。

2)集合的运算

(1)交换律:$A \cap B = B \cap A$;$A \cup B = B \cup A$

(2)结合律:$A \cup (B \cup C) = (A \cup B) \cup C$;$A \cap (B \cap C) = (A \cap B) \cap C$

(3)分配对偶律:$A \cap (B \cup C) = (A \cap B) \cup (A \cap C)$;$A \cup (B \cap C) = (A \cup B) \cap (A \cup C)$

(4)对偶律:$(A \cup B)^C = A^C \cap B^C$;$(A \cap B)^C = A^C \cup B^C$

(5)同一律:$A \cup \varnothing = A$;$A \cap U = A$

(6)求补律:$A \cup A' = U$;$A \cap A' = \varnothing$

(7)对合律:$A'' = A$

(8)等幂律:$A \cup A = A$;$A \cap A = A$

(9)零一律:$A \cup U = U$;$A \cap \varnothing = \varnothing$

(10)吸收律:$A \cup (A \cap B) = A$;$A \cap (A \cup B) = A$

(11)反演律:$(A \cup B)' = A' \cap B'$;$(A \cap B)' = A' \cup B'$

3)容斥原理

在计数时,必须注意无一重复,无一遗漏。为了使重叠部分不被重复计算,人们研究出一种新的计数方法,这种方法的基本思想是:先不考虑重叠的情况,把包含于某内容中的所有对象的数目先计算出来,然后再把计数时重复计算的数目排斥出去,使得计算的结果既无遗漏又无重复,这种计数的方法称为容斥原理。

容斥原理问题的核心公式如下。

(1)两个集合的容斥关系公式:

$$A + B = A \cup B + A \cap B$$

即满足条件一的个数加上满足条件二的个数减去两者都满足的个数等于总个数减去两者都不满足的个数。其中,满足条件一的个数是指：只满足条件一不满足条件二的个数加上两个条件都满足的个数。

（2）三个集合的容斥关系公式：

$$A + B + C = A \bigcup B \bigcup C + A \bigcap B + B \bigcap C + C \bigcap A - A \bigcap B \bigcap C$$

例子：

（1）某大学某班学生总数为 32 人，在第一次考试中有 26 人及格，在第二次考试中有 24 人及格，若两次考试中，都没有及格的有 4 人，那么两次考试都及格的人数是多少？

解：

设 A＝第一次考试中及格的人（26），B＝第二次考试中及格的人（24）。

显然，$A + B = 26 + 24 = 50$，$A \bigcup B = 32 - 4 = 28$。

则根据公式有 $A \bigcap B = A + B - A \bigcup B = 50 - 28 = 22$。

所以，两次考试都及格的人数是 22 人。

（2）一个团的士兵，团长经过统计后发现：自己团一共有 200 人，有 140 人有枪，有 160 人有弹药，20 人既没有枪也没有弹药。请问多少人既有枪也有弹药？多少人只有枪？多少人只有弹药？

解：

既有枪又有弹药的人数为

$$140 + 160 - 190 = 110（人）$$

只有枪的人数为

$$140 - 110 = 30（人）$$

只有弹药的人数为

$$160 - 110 = 50（人）$$

（3）一个服务员正在给餐厅里的 51 位客人上菜，有胡萝卜、豌豆和花菜。要胡萝卜和豌豆的人比只要豌豆的人多 2 位，只要豌豆的人是只要花菜的人的 2 倍。有 25 位客人不要花菜，18 位客人不要胡萝卜，13 位客人不要豌豆，6 位客人要花菜和豌豆而不要胡萝卜。请问：①多少客人三种菜都要？②多少客人只要花菜？③多少客人只要其中两种菜？④多少客人只要胡萝卜？⑤多少客人只要豌豆？

解：

本题用韦恩图来表示便一目了然，见图 2-3。

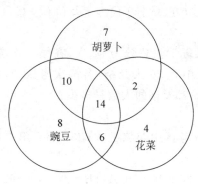

图　2-3

所以，以上五个问题的答案为①14 位客人三种菜都要；②4 位客人只要花菜；③18 位客人只要其中两种菜；④7 位客人只要胡萝卜；⑤8 位客人只要豌豆。

10．统筹问题

统筹是一种安排工作进程的数学方法。统筹就是通盘统一筹划的意思，是通过打乱、重组、优化等手段改变原本固有的办事格式，优化办事效率的一种办事方法。简单地说就是如何在最短时间内、用最有限的资源，来做更多的事情。

下面谈谈如何安排时间。

统筹方法关于时间的安排，可以理解为见缝插针。大事放在空闲比较多的时间段，小事放在空闲比较少的时间段；在完成一件事情的同时，还可以做另外一件事。这样，整个时间都能完全利用起来，从而提高办事效率，不能因为等待而让时间空出来。所以，解决这种问题的关键是把工序安排好。

举个例子来说：

小猫咪咪心情特别好，因为今天是妈妈的生日。咪咪要给每天辛勤工作的妈妈送上一份生日礼物——亲手烹饪一盘鱼。

首先,展示一下煎鱼的步骤及所需时间。

洗鱼:5分钟;切生姜片:2分钟;拌生姜、酱油、料酒等调料:2分钟;把锅烧热:1分钟;把油烧热:1分钟;煎鱼:10分钟。

我们来计算一下,5+2+2+1+1+10=21(分钟),也就是说前后一共需要21分钟。

可是问题来了,妈妈下班回家的时间是17点30分,而咪咪放学回到家的时间是17点10分,它只有20分钟的时间,来不及啊,你能帮它出出主意吗?

为了解决这个问题,我们可以设计以下流程图:

洗鱼:5分钟; 切生姜片:2分钟	拌生姜、酱油、酒等调料:2分钟 锅烧热(1分钟)→油烧热:1分钟	煎鱼:10分钟
①	②	③

即在等着锅和油烧热的这段时间里,同时拌生姜、酱油、酒等调料,这样共享时间:5+2+2+10=19(分),就可以在妈妈回来的时候给妈妈一个惊喜!

为什么时间节省了?

因为我们把不影响前后顺序的、可以同时做的步骤一起做了,这就是"统筹"。

再比如说,生活中我们都遇到过这种情景,想泡壶茶喝。

现在的情况是:开水没有;水壶要洗,茶壶茶杯要洗。怎么做?

方法一:洗好水壶,灌上凉水,放在火上;在等待水开的时间里,洗茶壶、洗茶杯、拿茶叶;等水开了,泡茶喝。

方法二:先做好一些准备工作,洗水壶,洗茶壶茶杯,拿茶叶;一切就绪,灌水烧水;坐待水开了泡茶喝。

方法三:洗净水壶,灌上凉水,放在火上,坐待水开;水开了之后,急急忙忙找茶叶,洗茶壶茶杯,泡茶喝。

我们能一眼看出第一种方法最好,最省时间。

这些实例都很简单,但生活中我们遇到的事情往往都比较复杂,如何才能安排好自己的时间呢? 这就是一个逻辑性的问题。我们常听人说:你这个人办事没有逻辑性,说的就是不会合理安排做事的顺序和时间。如果我们能够利用这种方法来考虑问题,将大有裨益。

例子:

(1) 宋代大中祥符年间,皇宫内发生火灾,烧毁了大量房屋。大火过后,要进行皇宫修复工程。当时需要解决"取土""外地材料的运送""被烧坏皇宫的瓦砾处理"三大问题。那么,该如何做才能最大限度地提高工作效率呢?

解:

当时,主管该工程的是大臣丁谓。他下令在皇宫前的大街上挖沟取土,免去到很远的地方取土的麻烦。而后,他又使汴河决口,将水引进壕沟。于是各地运来的竹木都被编成筏子,连同船运来的各种材料,都通过这条水路运了进来。皇宫修复后,他又让大家将拆下来的碎砖瓦连同火烧过的灰,都填进沟里,重新修成大路。经过这一番处理,不仅节约了大量时间,还节省了大量的经费。

丁谓智修皇宫,就是充分把握要素之间的相生关系,使系统往有序和互相促进的方向发展,同时又把握了系统要素的相克性质,促使其向反面演化,最终达到最理想的效果。

(2) 某服装厂有甲、乙、丙、丁四个生产组,甲组每天能缝制 8 件上衣或 10 条裤子;乙组每天能缝制 9 件上衣或 12 条裤子;丙组每天能缝制 7 件上衣或 11 条裤子;丁组每天能缝制 6 件上衣或 7 条裤子。现在上衣和裤子要配套缝制(每套为一件上衣和一条裤子),则 7 天内这四个组最多可以缝制多少套衣服?

解:

我们根据题意可得出表 2-1。

表 2-1

人员 \ 类别	每天生产的上衣数量(件)	每天生产的裤子数量(件)	上衣：裤子
甲	8	10	0.8
乙	9	12	0.75
丙	7	11	0.636
丁	6	7	0.857
总的情况	30	40	0.75

　　由该表我们发现,只有乙组的上衣和裤子比例与整体的上衣和裤子比例最接近,这说明其他组都有偏科情况。若用其他组去生产其不擅长的品种,则会造成生产能力的浪费。为了达到最大的生产能力,则应该让各组去生产自己最擅长的品种,然后让乙组去弥补由此而造成的偏差。因为乙组无论是生产衣服还是裤子,对整体来讲,效果相同。

　　上面甲、乙、丙、丁四组数据中,上衣与裤子的比值中甲和丁最大。为了缩小总的上衣与裤子的差值,又能生产出最多的裤子,甲和丁 7 天全部要生产上衣。丙上衣和裤子的比值最小,所以让丙 7 天都做裤子,以达到裤子量的最大化。这样 7 天后,甲、丙、丁共完成上衣 98 件,裤子 77 件。

　　下面乙组如何分配就成了本题关键。由上面分析可知,7 天后,甲、丙、丁生产的上衣比裤子多 21 条,所以乙要多生产 21 条裤子,并使总和最大化。可设乙用 x 天生产上衣,则 $9x+21=12(7-x)$,解得 $x=3$,即乙用 3 天生产上衣 27 件,用 4 天生产裤子 48 件。于是最多生产 125 套。

　　所以答案应该是 125 套服装。

　　这种统筹问题总的思路是：先计算整体的平均比值,选出与平均比值最接近的组项放在一边,留作最后的弥补或者追平工具,然后将高于平均值的组项赋予高能力方向发挥到极限,将低于平均值的组项赋予低能力方向发挥到极限,得出总和,再用先前挑出的组项去追平或者弥补,就可以得出答案。

之所以这样安排,是因为最接近中值的组项,去除后对平均值的影响最小,去除它并不影响整体平均能力,但是用它去追平其余各组的能力差异时,最容易达到平衡。

(3) 有 10 个人要从城市 A 出发去往城市 B。他们只有一辆摩托车(最多可以两个人一起骑)。已知 A、B 两地相距 1000km,骑车速度 100km/h,步行速度 5km/h。问,让 10 个人都到达城市 B,最少要花多长时间?

解:

要想用时最少,可以遵循以下步骤。

首先,车和人(车 2 人,步行 8 人)同时出发,车行驶了 x 千米后把乘客放下,乘客继续向 B 城进发,车返回直到与 8 人相遇(历时 t_1)。

然后,车与 8 人相遇后,搭上 1 人调头向 B 城方向出发,直到追上最前面的 1 人,将乘客放下,车返回直到与 7 人相遇(历时 t_2)。

接着,重复上述步骤(历时 $t_3 \sim t_8$),直到车搭上最后 1 名步行者到达 B 城(历时 t_9),同时 8 名已经被搭载过的步行者也到达 B 城。这样 10 个人同时出发,又同时到达 B 城,所用时间是最少的。

现在关键是要算出车到底要行驶多少千米把乘客放下,才能使最后 10 个人同时到达 B 城。$t_1 = t_2 = t_3 = t_4 = t_5 = t_6 = t_7 = t_8 = 2x/(100+5) \times t_9 = (1000 - 2 \times 5 \times 8x/105)/100$,对于第 1 名乘客,他需要步行的时间是 $8 \times t_1 + t_9 - (x/100)$,所以由以下方程 $5 \times [8 \times t_1 + t_9 - (x/100)] + x = 1000$,解得 $x = 567.58$ 千米。代入可得 $t = t_1 + t_2 + \cdots + t_9 = 8 \times t_1 + t_9 = 92.16$(小时)。

11. 利润问题

商店出售商品,总是期望获得利润。例如某商品买入价(成本)是 50 元,以 70 元卖出,就获得利润 70 - 50 = 20(元)。通常,利润也可以用百分数来表示,20 ÷ 50 = 0.4 = 40%,我们也可以说获得 40% 的利润。

一般来说,定价和销量呈反比关系。也就是说,定价低了,商品的销量就会有所增加;定价高了,商品可能就没那么好卖。所以有时为了把商品多卖出去,需要减价,降低利润,甚至亏本。减价有时也会按定价的百分数来计算,就是打折扣。减价 25%,就是按定价的 $(100\%-25\%)=75\%$ 出售,通常我们称之为七五折。

利润问题的核心公式:

(1) 利润的百分数=(卖价-成本)÷成本×100%

(2) 卖价=成本×(100%+利润的百分数)

(3) 成本=卖价÷(100%+利润的百分数)

(4) 定价=成本×(100%+期望利润的百分数)

(5) 卖价=定价×折扣的百分数

例子:

(1) 小王是位二手手机销售商。通常情况下,他买下硬件完好的旧手机,然后转手卖出,并从中赚取 30% 的利润。某次,一位客户从小王手里买下一部手机,但是三个月后,手机坏了。非常不满的客户找到小王要求退款。小王拒绝退款,但同意以当时交易价格的 80% 回收这部手机。客户最后很不情愿地答应了。

那么,你知道小王在整个交易中赚取了百分之多少的利润吗?

解:

设手机的本钱为 1,那么卖给客户时的交易价格是 1.3,回收的价格是 $1.3\times0.8=1.04$。

小王先后的总支出是手机三个月的使用,总收入是 $1.3-1.04=0.26$。所以小五在整个交易中赚取了 26% 的利润。

(2) 两个商贩共进了 1000 斤苹果进行批发,一个进得多,一个进得少,但是买的时候花了同样的钱。一个商贩对另一个说:"如果我进你那么多的苹果,我需要花 4900 元。"另一个说:"如果我进你那么多的苹果,只需要花 900 元。"你知道两人各进了多少苹果吗?

解:

设批发得少的商贩进了 x 斤苹果,另一个则进了 $(1000-x)$ 斤。

批发得少的单价为:$4900/(1000-x)$。

批发得多的单价为:$900/x$。

那么：$4900x/(1000-x)=900(1000-x)/x$。

则解得：$x=300$。

所以一个商贩批发了 300 斤苹果，另一个商贩批发了 700 斤苹果。

（3）某商品按定价的 80％（八折）出售，仍能获得 20％的利润，则定价时期望的利润百分数是_____。

A. 40％   B. 60％   C. 72％   D. 50％

解：

设定价是"1"，卖价是定价的 80％，就是 0.8。因为获得 20％的利润，则成本为 2/3。

定价的期望利润的百分数是 $1/3÷2/3=50％$。

所以期望利润的百分数是 50％。

12. 比例问题

比例是一个相当重要的知识，它与分数、比和除法等问题之间都存在着非常密切的联系。

我们首先要学习一下这些基本的概念。

（1）比：两个数相除又叫两个数的比。比号前面的数叫比的前项，比号后面的数叫比的后项。

（2）比值：比的前项除以后项的商，叫作比值。

（3）比的性质：比的前项和后项同时乘以或除以相同的数（零除外），比值不变。

（4）比例：表示两个比相等的式子叫作比例。$a:b=c:d$。

（5）比例的性质：两个外项积等于两个内项积（交叉相乘），即：$ad=bc$。

（6）正比例：若 A 扩大或缩小几倍，B 也扩大或缩小几倍（AB 的商不变时），则 A 与 B 成正比。

（7）反比例：若 A 扩大或缩小几倍，B 也缩小或扩大几倍（AB 的积不变时），则 A 与 B 成反比。

（8）比例尺：图上距离与实际距离的比叫作比例尺。

学习和掌握比例的基本性质以及正、反比例的意义及其正、反比例的判断方法,可以在解答一些较复杂的数学问题时,由繁变简,化难为易。

　　比例问题的重点在于正确找出两种相关联的量,并明确二者间的比例关系,所以解题的关键是要从两点入手:①和谁比;②增加或减少多少。

　　例子:

　　(1)黄金的纯度一般用 K 来表示,24K 是指百分之百的纯金,12K 是指黄金的纯度为 50%,18K 是指黄金的纯度为 75%。当你在买黄金制品的时候,上面的纯度记号一般是三位数字,已知:375 表示 9K,583 表示 14K。请问:750 表示多少 K?

　　解:

　　方法一:因为纯金是 24K,9K 黄金的纯度以三位数字表示为 375。用比值可以算出来。

$$9/375 = x/750$$

　　解得:　　　　　　　　　　$x = 18$

　　所以,750 表示 18K。

　　方法二:将这个三位数乘上 0.024 就可以转换成 K 数,所以 750 表示 18K。

　　(2)池塘里养了一批鱼,第一次捕上来 200 尾,做好标记后放回池塘;数日后再捕上 100 尾,发现有标记的鱼为 5 尾,问池塘里大约有多少尾鱼?

　　解:

　　设池塘里有 x 尾鱼,则可列方程:

$$100/5 = x/200$$

　　解得:　　　　　　　　　　$x = 4000$

　　所以池塘里大约有 4000 尾鱼。

13. 抽屉问题

　　抽屉原理有时也被称为鸽巢原理。抽屉原理是德国数学家狄利克雷首先明确地提出来并用以证明一些数论中的问题,因此,也称为狄利克雷原理。它是组合数学中一个重要的原理。

假设桌上有 10 个苹果,要把这 10 个苹果放到 9 个抽屉里,无论怎样放,我们会发现有一个抽屉里面至少要放两个苹果。这一现象就是我们所说的"抽屉原理"。

抽屉原理的一般含义为:"如果每个抽屉代表一个集合,每一个苹果代表一个元素,假如有 $n+1$ 个元素放到 n 个集合中去,其中必定有一个集合里至少有两个元素。"

抽屉原理有以下几种形式。

(1)抽屉原理 1:把多于 $n+1$ 个的物体放到 n 个抽屉里,则至少有一个抽屉里的东西不少于两个。

(2)抽屉原理 2:把多于 $(mn+1)$ 个的物体放到 n 个抽屉里,则至少有一个抽屉里有不少于 $(m+1)$ 个物体。(m、n 不等于 0)

(3)抽屉原理 3:如果有无穷件东西,把它们放在有限多个抽屉里,那么至少有一个抽屉里含无穷件东西。

(4)抽屉原理 4:把 $(mn-1)$ 个物体放入 n 个抽屉中,其中必有一个抽屉中至多有 $(m-1)$ 个物体。

应用抽屉原理解题,关键在于构造抽屉。并分析清楚问题中哪个是物件,哪个是抽屉。构造抽屉的常见方法有:图形分割、区间划分、整数分类(剩余类分类、表达式分类等)、坐标分类、染色分类等。

例子:

(1)有一桶彩球,分为黄色、绿色、红色三种颜色,闭上眼睛抓取。请问,至少抓取多少个就可以确定手上肯定至少有两个同一颜色的彩球?

解:

在最差的情况下,抓 3 个至少是每种颜色的彩球各一个,所以再多抓一个,也就是 4 个,那么里面一定会有 2 个是颜色一样的彩球。

(2)属相有 12 种,那么任意 49 个人中,至少有几个人的属相是相同的呢?

解：

在一个问题中,一般较多的一方是物件,较少的一方是抽屉。属相有 12 种,是抽屉,49 个人是物件。所以,一个抽屉中至少有 49/12,即 4 余 1,余数舍去,所以至少有 4 个人的属相是相同的。

（3）从 1～12 这 12 个自然数中,至少任选_____个,就可以保证其中一定包括两个数,它们的差是 7?

A. 7　　　　　B. 10　　　　　C. 9　　　　　　D. 8

解：

在这 12 个自然数中,差是 7 的自然数有以下 5 对：{12,5}{11,4}{10,3}{9,2}{8,1}。另外,还有 2 个不能配对的数是{6}{7}。可构造抽屉原理,共构造了 7 个抽屉。只要有两个数是取自同一个抽屉,那么它们的差就等于 7。这 7 个抽屉可以表示为{12,5}{11,4}{10,3}{9,2}{8,1}{6}{7},显然从 7 个抽屉中取 8 个数,则一定可以使有两个数字来源于同一个抽屉,也即作差为 7,所以选择 D。

14. 年龄问题

年龄问题,一般是已知两个人或若干个人的年龄,求他们年龄之间的某种数量关系。年龄问题又往往是和倍、差倍、和差等问题的综合。它有一定的难度,因此解题时需抓住其特点。

对于年龄问题,我们要知道的是每过一年,所有的人都长了一岁。而且不管时间如何变化,两人的年龄的差总是不变的。所以年龄问题的关键是"大小年龄差不变"。

几年前的年龄差和几年后的年龄差是相等的,即：变化前的年龄差＝变化后的年龄差。解题时将年龄的其他关系代入上述等式即可求解。

解答年龄问题的一般方法是：

（1）几年后年龄＝大小年龄差÷倍数差－小年龄

（2）几年前年龄＝小年龄－大小年龄差÷倍数差

例子：

（1）一天,华华和妈妈一起在街上遇见了妈妈的同事。妈妈的同事问华华今年几岁,华华说,妈妈比我大 26 岁,4 年后妈妈的年龄是我的 3 倍。你能猜出华华和她妈妈今年各多少岁吗?

解:

妈妈比华华大 26 岁,即两人年龄差为 26 岁,设华华的年龄为 x,则妈妈的年龄是 $26+x$。4 年后,妈妈的年龄是华华的三倍,即:

$$3(x+4)=(26+x)+4。$$
$$x=9$$

所以,华华今年是 9 岁,妈妈今年是 9+26=35(岁)。

(2) 甲、乙、丙、丁四人今年的年龄分别是 32 岁、24 岁、22 岁、18 岁,那么多少年前甲乙的年龄之和恰好是丙丁年龄之和的 2 倍?

解:

$(32+24)-(22+18)=16$ 为甲乙年龄之和与丙丁年龄之和的差。

当甲乙的年龄之和恰好是丙丁年龄之和的 2 倍时,设丙丁年龄之和为 1 倍,则甲乙年龄之和为 2 倍,则 1 倍为 $16\div(2-1)=16$,即丙丁当时的年龄之和为 16 岁。

增加的年龄之和为 $22+18-16$,因此过了 $(22+18-16)\div2=12$(年)。

(3) 小张在一所学校当老师,最近学校新增加了两名同事小李和老王。小张想知道小李的年龄,小李喜欢开玩笑,于是对小张说:"想知道我的年龄并不难,你猜猜看吧!我的年龄和老王的年龄合起来是 48 岁,老王现在的年龄是我过去某一年的年龄的 2 倍;在过去的那一年,老王的年龄又是将来某一年我的年龄的一半;而到将来的那一年,我的年龄将是老王过去当他的年龄是我的年龄 3 倍时的年龄的 3 倍。你能算出来我现在是多少岁了吗?"

小张被绕糊涂了,你能帮他算出来小李现在的年龄吗?

解:

设小李 x 岁,老王 y 岁。

已知"老王现在的年龄是我过去某一年的年龄的 2 倍",即在这一年,小李为 $y/2$ 岁,老王为 $y-(x-y/2)=3y/2-x$(岁)。

根据"在过去的那一年,老王的年龄又是将来某一年我的年龄的一半"可知,在这个时刻,小李为 $3y-2x$ 岁。

根据"老王过去当他的年龄是我的年龄三倍时"可知,这时老王的年龄是 $(3y-2x)/3=y-2x/3$ (岁),小李的年龄是 $(y-2x/3)/3=y/3-2x/9$ (岁)。

因为是同一年,所以有等式:

$$x-(y/3-2x/9)=y-(y-2x/3)$$

化简为
$$5x=3y$$

因为 $x+y=48$,解得 $x=18$,所以小李现在的年龄是 18 岁。

15. 余数问题

所谓余数,就是对任意自然数 a、b、q、r,如果使 $a÷b=q$ 余 r,且 $0<r<b$,那么 r 叫作 a 除以 b 的余数,q 叫作 a 除以 b 的不完全商。

余数的性质如下。

(1) 余数小于除数。

(2) 若 a、b 除以 c 的余数相同,则 $c|a-b$ 或 $c|b-a$。

(3) a 与 b 的和除以 c 的余数,等于 a 除以 c 的余数加上 b 除以 c 的余数的和再除以 c 的余数。

(4) a 与 b 的积除以 c 的余数,等于 a 除以 c 的余数与 b 除以 c 的余数的积再除以 c 的余数。

讲余数问题,不可避免地要讲到剩余定理。

剩余定理又叫孙子定理,是中国古代求解一次同余式组的方法。它也是数论中的一个重要定理,又称中国剩余定理。

一元线性同余方程组问题最早可见于中国南北朝时期(公元 5 世纪)的数学著作《孙子算经》卷下第二十六题,叫作"物不知数"问题,原文如下:

有物不知其数,三三数之剩二,五五数之剩三,七七数之剩二。问物几何?

即有一个整数,用它除以三余二,除以五余三,除以七余二,求这个整数是多少?

到现在,这个问题已成为世界数学史上闻名的问题。

宋朝数学家秦九韶于 1247 年《数书九章》卷一、二《大衍类》对"物不知数"问题做出了完整系统的解答。到了明代,数学家程大位把这个问题的算法编成了四句歌诀:

三人同行七十稀,五树梅花廿一枝;七子团圆正半月,除百零五便得知。

用现在的话来说就是:一个数用 3 除,除得的余数乘 70;用 5 除,除得的余数乘 21;用 7 除,除得的余数乘 15。最后把这些乘积加起来再减去 105 的倍数,就知道这个数是多少了。

《孙子算经》中的这个问题的算法是:

$$70 \times 2 + 21 \times 3 + 15 \times 2 = 233$$
$$233 - 105 - 105 = 23$$

所以这些物品最少有 23 个。

我国古算书中给出的上述四句歌诀,实际上是特殊情况下给出了一次同余式组解的定理。在欧洲直到 18 世纪,欧拉、拉格朗日(LAGRANGE,1736—1813 年,法国数学家)等,才对一次同余式问题进行过研究;德国数学家高斯在 1801 年出版的《算术探究》中,才明确地写出了一次同余式组的求解定理。当《孙子算经》中的"物不知数"问题解法于 1852 年经英国传教士伟烈亚力(WYLIEALEXANDER,1815—1887 年)传到欧洲后,1874 年德国人马提生(MATTHIESSEN,1830—1906 年)指出孙子的解法符合高斯的求解定理。

类似的余数问题,一般有两种方法解决。

第一种是逐步满足法,方法麻烦一点,但适合所有这类题目;第二种是最小公倍法,方法简单,但只适合一部分特殊类型的题目。

下面分别介绍一下这两种常用方法。

(1)通用的方法:逐步满足法。

即先满足一个条件,再满足另一个条件。好多数学题目都可以用逐步满足的思想解决。

例子：一个数,除以 5 余 1,除以 3 余 2。问这个数最小是多少?

解：

把除以 5 余 1 的数从小到大排列：1、6、11、16、21、26…

然后从小到大找除以 3 余 2 的,发现最小的是 11。

所以 11 就是所求的数。

(2) 特殊的方法：最小公倍法。

例子：

① 一个数除以 5 余 1,除以 3 也余 1。问这个数最小是多少?(1 除外)

　　解：

除以 5 余 1,说明这个数减去 1 后是 5 的倍数。

除以 3 余 1,说明这个数减去 1 后也是 3 的倍数。

所以,这个数减去 1 后是 3 和 5 的公倍数。要求最小,所以这个数减去 1 后就是 3 和 5 的最小公倍数。即这个数减去 1 后是 15,所以这个数是 15+1=16。

② 一个三位数除以 9 余 7,除以 5 余 2,除以 4 余 3,这样的三位数共有多少个?

　　解：

如果不考虑数位,7 是最小的满足条件的数。而 9、5、4 的最小公倍数为 180,则 187 是第二个这样的数,还有 367、547、727、907。所以一共有 5 个这样的三位数。

③ 自然数 P 满足下列条件：P 除以 10 的余数为 9,P 除以 9 的余数为 8,P 除以 8 的余数为 7。如果 $100 < P < 1000$,那么这样的 P 有几个?

　　解：

此题可用剩余定理。但下面的算法更简单。

因为每次余数都比除数小 1,所以 $P+1$ 应该是 10 的倍数、是 9 的倍数、是 8 的倍数,即是 10、9、8 的公倍数。100~1000 内,10、9、8 的公倍数有 360 和 720,所以 P 为 359 和 719,这两个自然数。

④ 今有数不知总,以五累减之无剩,以七百十五累减之剩十,以

二百四十七累减之剩一百四十,以三百九十一累减之剩二百四十五,以一百八十七累减之剩一百零九,问总数若干?

意思是说:现在有一个数,不知道是多少。用 5 除可以除尽;用 715 除,余数为 10;用 247 除,余数是 140;用 391 除,余数是 245;用 187 除,余数是 109。问这个数是多少?

解:

看起来问题比较麻烦,但通过细心观察,还是有窍门可寻的。

第一句"以五累减之无剩"其实是多余的,因为这个数以 715 除余 10 必定是 5 的倍数。第三句话"以 247 累减之剩 140",就是说此数减去 247 的若干倍后还余 140,140 是 5 的倍数,此数也是 5 的倍数,那么减去的 247 的倍数也应是 5 的倍数。因此这句话可改为"以 247×5＝1235 累减之剩 140"。同样第四句话也可改为"以 391×5＝1955 累减之剩 245"。

现在我们可以完全仿照前面的方法进行计算,从 245 逐次加 1955,直至得到的数用 1235 除余数为 140 止。

计算过程如下。逐次加 1955 可得:245、2200、4155、6110、8065、10020…用 1235 去除的余数分别是 965、450、1170、655、140…

所以可以得出 10020 满足这两项要求。

经检验,10020 的确符合全部条件,它就是我们要求的数。

16. 时钟问题

时钟问题可以看作一个特殊的圆形轨道上两人追及或相遇问题,不过这里的两个"人"分别是时钟的分针和时针。

时钟问题有别于其他行程问题是因为它的速度和总路程的度量方式不再是常规的 m/s 或者 km/h,而是两个指针"每分钟走多少角度"或者"每分钟走多少小格"。对于正常的时钟具体为:整个钟面为 360°,上面有 12 个大格,每个大格为 30°;60 个小格,每个小格为 6°。

分针速度:每分钟走 1 小格,每分钟走 6°。

时针速度:每分钟走 1/12 小格,每分钟走 0.5°。

1）解决这类问题的关键

（1）确定分针与时针的初始位置。

（2）确定分针与时针的路程差。

2）解决时钟问题的基本方法

（1）分格方法

时钟的钟面圆周被均匀分成 60 小格，每小格我们称为 1 分格。分针每小时走 60 分格，即一周；而时针只走 5 分格，故分针每分钟走 1 分格，时针每分钟走 1/12 分格，故分针和时针的速度差为 11/12 分格/分钟。

（2）度数方法

从角度观点看，钟面圆周一周是 360°，分针每分钟转 360/60°，即 6°；时针每分钟转 360/12×60°，即 0.5°，故分针和时针的角速度差为每分钟 5.5°/min。

3）示例

（1）时针与分针

分针每分钟走 1 格，时针每 60 分钟走 5 格，即时针每分钟走 1/12 格。每分钟时针比分针少走 11/12 格。

例子：

① 现在是 2 点，再过多久时针与分针第一次重合？

解：

2 点的时候，时针处在第 10 格位置，分针处于第 0 格，相差 10 格，则需经过 10÷11/12 分钟的时间。

② 中午 12 点，时针与分针完全重合，那么到下次 12 点时，时针与分针重合多少次？

解：

时针与分针重合后，到再次追上，分针追及了 60 格，耗时 60÷11/12＝720/11 分钟，12 小时能追及 12×60＝720 分钟，所以 720÷720/11 ＝11 次。而第 11 次时，时针与分针又完全重合在 12 点。如果不算中午 12 点第一次重合的次数，应为 11 次。如果题目是到下次 12 点之前,重合几次,应为 11 - 1 次,因为不算最后一次重合的次数。

(2)分针与秒针

秒针每秒钟走一格,分针每 60 秒钟走一格,则分针每秒钟走 1/60 格,每秒钟秒针比分针多走 59/60 格。

例子:

中午 12 点,秒针与分针完全重合,那么到下午 1 点时,两针重合多少次?

解:

秒针与分针重合,秒针走比分针快,重合后到下次再追上,秒针追赶了 60 格,即秒针追分针一次耗时,60÷59/60＝3600/59 秒。而到 1 点时总共有时间 3600 秒,则能追赶 3600÷3600/59＝59 次。最后一次,两针又重合在 12 点。

(3)时针与秒针

时针每秒走一格,时针 3600 秒走 5 格,即时针每秒走 1/720 格,每秒钟秒针比时针多走 719/720 格。

例子:

中午 12 点,秒针与时针完全重合,那么到下次 12 点时,时针与秒针重合了多少次?

解:

重合后再追上,只可能是秒针追赶了时针 60 格,每秒钟追 719/720 格,即一次要追 60÷719/720＝43200/719 秒。而 12 个小时有 12×3600 秒,可以追 12×3600÷43200/719＝710 次。此时重合在 12 点位置上。

(4)成角度问题

例子:

① 从 12 时到 13 时,钟的时针与分针可成直角的机会有＿＿＿＿＿次。

A. 1   B. 2   C. 3   D. 4

解:

时针与分针成直角,即时针与分针的角度差为 90° 或者为 270°,

理论上讲应为 2 次,还要验证:根据"角度差/速度差＝分钟数",可得"90/5.5＝16 又 4/11＜60",表示经过 16 又 4/11 分钟,时针与分针第一次垂直;同理,270/5.5＝49 又 1/11＜60,表示经过 49 又 1/11 分钟,时针与分针第二次垂直。经验证选 B。

② 在时钟盘面上,1:45 的时针与分针之间的夹角是多少?

解:

1 点时,时针分针差 5 格。到 45 分钟时,分针比时针多走了 11/12×45＝41.25 格,则分针此时在时针的右边 36.25 格,一格是 360/60＝6°,则成夹角是 36.25×6＝217.5°。

③ 经过 7 小时 15 分钟,时钟的时针与分针各转了多少度?

解:

从几点开始计算,角度都是一样的。我们为了简便从 0 点开始。这样分针转到 3 的位置,转了 90°。时针转了 7 个格加上 3/12 个格。每个格 30°,一共是 217.5°。

(5)相遇问题

例子:

3 点过多少分时,时针和分针离"3"的距离相等,并且在"3"的两边?

解:

把追击问题转化为相遇问题计算。此题转化为时针以每分钟 1/12 格的速度,分针以每分钟 1 格的速度相向而行,当时针和分针离 3 距离相等,两针相遇,总行程为 15 格。所以,所用时间为:15÷(1＋1/12)＝180/13(分)。

17. 排列组合问题

排列组合是组合学最基本的概念。所谓排列就是指从给定个数的元素中取出指定个数的元素进行排序。组合则是指从给定个数的元素中仅仅取出指定个数的元素,不考虑排序。排列组合的中心问题是研究给定要求的排列和组合可能出现的情况总数。

排列的定义：从 n 个不同元素中，任取 $m(m \leqslant n, m$ 与 n 均为自然数，下同)个元素按照一定的顺序排成一列，叫作从 n 个不同元素中取出 m 个元素的一个排列；从 n 个不同元素中取出 $m(m \leqslant n)$ 个元素的所有排列的个数，叫作从 n 个不同元素中取出 m 个元素的排列数，用符号 $A(n, m)$ 表示。

组合的定义：从 n 个不同元素中，任取 $m(m \leqslant n)$ 个元素并成一组，叫作从 n 个不同元素中取出 m 个元素的一个组合；从 n 个不同元素中取出 $m(m \leqslant n)$ 个元素的所有组合的个数，叫作从 n 个不同元素中取出 m 个元素的组合数。用符号 $C(n, m)$ 表示。

排列组合问题的解题技巧如下。

（1）能直接数出来的，尽量不用排列组合来求解，容易出错。

（2）分步分类处理。

例子：

要从三个男职员和两个女职员中安排两人周日值班，至少有一名女职员参加，有多少种不同的排法？

解：

当只有一名女职员参加时，有 $C(1,2) \times C(1,3)$ 种。

当有两名女职员参加时，有 1 种。

所以一共有：$C(1,2) \times C(1,3) + 1$ 种。

（3）特殊位置先排。

例子：

某单位安排 5 位工作人员在星期一至星期五值班，每人一天且不重复。若甲乙两人都不能安排星期五值班，则不同的排班方法共有多少种？

解：

先安排星期五，后其他天。共有 $3P(4,4)$ 种。

（4）相同元素的分配（如名额等，每个组至少一个），用隔板法。

例子：

把 12 个小球放到编号不同的 8 个盒子里，每个盒子里至少有一个小球,共有多少种方法?

解:

0 0 0 0 0 0 0 0 0 0 0 0,共有 12−1 个空,用 8−1 个隔板插入,一种插板方法对应一种分配方案,共有 $C(7,11)$ 种,即所求结果。

注意:如果小球也有编号,则不能用隔板法。

(5) 相离问题(互不相邻),用插空法。

例子:

7 人排成一排,甲、乙、丙 3 人互不相邻,有多少种排法?

解:

| 0 | 0 | 0 | 0 |,分两步。

第一步,排其他四个人的位置,四个 0 代表其他四个人的位置,有 $P(4,4)$ 种。

第二步,甲乙丙只能分别出现在不同的"|"上,有 $P(3,5)$ 种,则 $P(4,4) \times P(3,5)$ 即为所求结果。

(6) 相邻问题,用捆绑法。

例子:

7 人排成一排,甲、乙、丙 3 人必须相邻,有多少种排法?

解:

把甲、乙、丙看作一个整体 x。第一步,其他四个元素和 x 元素进行排列,有 $P5/5$ 种。第二步,再排 x 元素内部,有 $P3/3$ 种。所以排法是 $P(5,5) \times P(3,3)$ 种。

(7) 定序问题。

例子:

有 1、2、3、…、9 九个数字,可组成多少个没有重复数字,且百位数字大于十位数字,十位数字大于个位数字的 5 位数?

解:

分两步。第一步,选前两位,有 $P(2,9)$ 种可能性。第二步,选后三位,因为后三位只要数字选定,就只有一种排序,选定方式有 $C(3,7)$ 种,即后三位有 $C(3,7)$ 种可能性,则答案为 $P(2,9) \times C(3,7)$。

（8）平均分组。

例子：

有 6 本不同的书，分给甲、乙、丙三人，每人两本。有多少种不同的分法？

解：

分三步，先从 6 本书中取 2 本给一个人，再从剩下的 4 本中取 2 本给另一个人，剩下的 2 本给最后一人，共为 $C(2,6) \times C(2,4) \times C(2,2)$ 种。

18. 日期问题

（1）判断公历闰年

地球绕太阳一圈的时间为一年，但是因为这一圈所用的精确时间为 365 天 5 小时 48 分 45.5 秒，而我们又不能用这么不整的时间来当成一年，所以就近似取 365 天作为一年。多出来的 5 小时 48 分 45.5 秒该怎么办呢？因为每四年多一点的时间就会多出一天，所以就有了公历闰年。在闰年 2 月有 29 天，而平年 2 月有 28 天，因为四年多出来的时间并不够一天，每次都会少那么一点点，所以每过一百年就要少一个闰年。所以就出现了一个规律：四年一闰，百年不闰，四百年再闰。这也是我们判断公历闰年的方法。

方法：

① 普通年能被 4 整除而不能被 100 整除的为闰年（如 2016 年是闰年，2100 年不是闰年）。

② 世纪年能被 400 整除而不能被 3200 整除的为闰年（如 2000 年是闰年，3200 年不是闰年）。

③ 对于数值很大的年份能整除 3200，但同时又能整除 172800 则又是闰年（如 172800 年是闰年，86400 年不是闰年）。

公元前闰年规则如下。

① 非整百年：年数除 4 余数为 1 是闰年，即公元前 1、5、9…年。

② 整百年：年数除 400 余数为 1 是闰年，年数除 3200 余数为 1，不是闰年，年数除 172800 余 1 又为闰年，即公元前 401、801…年。

（2）计算星期

已知今年 1 月 1 日是星期一，求明年 1 月 1 日是星期几？

方法：

遵循"平年加 1，闰年加 2"的口诀（由平年为"365 天/7＝52 余 1"及闰年"366 天/7＝52 余 2"得出）。

例子：

2002 年 9 月 1 号是星期日，2008 年 9 月 1 号是星期几？

解：

因为从 2002 到 2008 一共有 6 年，其中有 4 个平年、2 个闰年，求星期，则：$4 \times 1 + 2 \times 2 = 8$，即在星期日的基础上加 8，即加 1，则答案为星期一。

19．方阵问题

方阵问题即学生排队或者士兵列队。横着排叫做行，竖着排叫做列。如果行数与列数都相等，则正好排成一个正方形，这种队形就叫方队，也叫作方阵（亦叫乘方问题）。

方阵问题核心公式如下。

（1）方阵总人数＝最外层每边人数的平方。

（2）方阵外一层总人数比内一层的总人数多 8（行数和列数分别大于 2）。

（3）方阵最外层每边人数＝（方阵最外层总人数÷4）＋1，方阵最外层总人数＝（方阵最外层每边人数－1）×4。

（4）空心方阵的总人数＝（最外层每边人数－空心方阵的层数）×空心方阵的层数×4。

（5）去掉一行一列的总人数＝去掉的每边人数×2－1。

例子：

（1）某校的学生刚好排成一个方阵，最外层的人数是 96 人，问这个学校共有学生多少名？

解：

先求出最外层每边的人数为 96/4＋1＝25，再求总学生数为

$25 \times 25 = 625$。所以,这个学校共有 625 名学生。

(2) 五年级学生分成两队参加学校广播操比赛,他们排成甲乙两个方阵,其中甲方阵每边的人数等于 8,如果两队合并,可以另排成一个空心的丙方阵,丙方阵每边的人数比乙方阵每边的人数多 4 人,甲方阵的人数正好填满丙方阵的空心。五年级参加广播操比赛的一共有多少人?

解:

设乙方阵最外边每边人数为 x,则丙方阵最外边每边人数为 $x+4$。

$$8 \times 8 + x \times x = (x+4)(x+4) - 8 \times 8$$

则 $x = 14$

所以,总人数为 $14 \times 14 + 8 \times 8 = 260$(人)。

(3) 小明用围棋子摆成一个三层空心方阵,如果最外层每边有围棋子 15 个,小明摆这个方阵最里层一共有多少棋子?摆这个三层空心方阵共用了多少个棋子?

解:

最外层有 $(15-1) \times 4 = 56$(个),则最里层为 $56 - 8 \times 2 = 40$(个),总棋子数为 $(15-3) \times 3 \times 4 = 144$(个)。

20. 几何问题

几何问题是研究空间结构及其性质的问题。集合问题一般涉及平面图形的长度、角度、周长、面积和立体图形的表面积、体积等。

1) 基本思路

在一些规则图形中,可以运用公式进行计算;而在一些面积的计算上,如果不能直接运用公式,一般需要对图形进行割补、平移、旋转、翻折、分解、变形、重叠等操作,使不规则图形变为规则图形,再运用公式进行计算。

2) 常用方法

(1) 连辅助线法。

(2) 利用等底等高的两个三角形面积相等的原理。

（3）大胆假设。例如有些点的设置，题目中说的是任意点，在解题时可以把任意点设置在特殊位置上，从而简化运算。

（4）利用特殊规律。

① 等腰直角三角形，已知任意一条边都可以直接求出面积（直角三角形的面积＝斜边的平方÷4）。

② 梯形的两条对角线连线后，两腰部分的面积相等。

③ 圆的面积占外接正方形面积的 78.5%。

（5）利用圆分割平面公式。公式为 N^2-N+2，其中 N 为圆的个数。

例子：

我们知道，一个圆能把平面分成两个区域，两个圆最多能把平面分成四个区域，问四个圆最多能把平面分成多少个区域？

解：

可以用这个公式：$4\times4-4+2=14$，所以，四个圆最多能把平面分成 14 个区域。

（6）利用最大和最小关系。

① 等面积的所有平面图形中，越接近圆的图形，其周长越小。

② 等周长的所有平面图形中，越接近圆的图形，其面积越大。

③ 等体积的所有空间图形中，越接近球体的几何体，其表面积越小。

④ 等表面积的所有空间图形中，越接近球体的几何体，其体积越大。

例子：

相同表面积的四面体、六面体、正十二面体及正二十面体，其中体积最大的是_____。

A. 四面体　　　　　　　　B. 六面体

C. 正十二面体　　　　　　D. 正二十面体

解：

显然，正二十面体最接近球体，则体积最大。

3）基本公式

我们需要掌握和记忆一些常规图形的周长、面积和体积公式。

（1）三角形：S 为面积，a 为底，h 为高。

$$S = ah/2$$

S 为面积；a、b、c 为三边；A、B、C 分别为 a、b、c 对应的角。

$$S = (a + b + c)/2$$
$$= ab/2 \cdot \sin C$$
$$= [s(s-a)(s-b)(s-c)]/2$$
$$= a^2 \cdot \sin B \cdot \sin C/(2\sin A)$$

（2）正方形：C 为周长，S 为面积，a 为边长。

$$C = 4a$$
$$S = a^2$$

（3）长方形：C 为周长，S 为面积，a 为长，b 为宽。

$$C = (a + b) \times 2$$
$$S = ab$$

（4）平行四边形：S 为面积，a 为底，b 为斜边，α 为 a、b 两边的夹角，h 为高。

$$S = a \cdot h = ab \cdot \sin\alpha$$

（5）梯形：S 为面积，a 为上底，b 为下底，h 为高。

$$S = (a + b)h \div 2$$

（6）圆形：S 为面积，C 为周长，d 为直径，r 为半径。

$$d = 2r$$
$$C = \pi d = 2\pi r$$
$$S = \pi r^2$$

（7）扇形：C 为周长；S 为面积；r 为扇形半径；α 为圆心角度数。

$$C = 2r + 2\pi r(\alpha/360)$$
$$S = \pi r^2(\alpha/360)$$

（8）正方体：V 为体积；S 为表面积；a 为棱长。

$$S = 6a^2$$
$$V = a^3$$

（9）长方体：V 为体积；$S_表$ 为表面积；$S_侧$ 为侧面积；$S_底$ 为底面积；a 为长；b 为宽，h 为高。

$$S_{表} = (ab + ah + bh) \times 2$$
$$S_{底} = ab$$
$$S_{侧} = 2(a + b) \times h$$
$$V = abh = S_{底} \times h$$

（10）圆柱体：V 为体积；h 为高；$S_{表}$ 为表面积；$S_{侧}$ 为侧面积；$S_{底}$ 为底面积；r 为底面半径；C 为底面周长。

$$S_{底} = \pi r^2$$
$$S_{侧} = Ch$$
$$S_{表} = 2S_{底} + S_{侧}$$
$$C = \pi d = 2\pi r$$
$$V = S_{底} h = \pi r^2 h$$

（11）圆锥体：V 为体积；h 为高；$S_{底}$ 为底面积；r 为底面半径；C 为底面周长。

$$S_{底} = \pi r^2$$
$$C = \pi d = 2\pi r$$
$$V = S_{底} h/3 = \pi r^2 h/3$$

（12）**球体**：S 为表面积；V 为体积；r 为半径；d 为直径。

$$S = 4\pi r^2$$
$$V = 4\pi r^3/3$$

例子：

（1）今有圆材，埋在壁中，不知大小。以锯锯之，深一寸，锯道长一尺。问径几何？

意思是说：有一根圆木被埋在了墙里，不知它有多粗。用锯子锯了 1 寸深，锯道长 1 尺。问这个圆木的直径是多大？

解：

根据题意画图如图 2-4 所示。

已知 $AB=10$ 寸，$CD=1$ 寸，求圆的半径 r。

$$OB=r, \quad OD=r-1, \quad BD=5$$

在三角形 BDO 中，根据勾股定理可以求出：$r=13$（寸）。

（2）假令有圆城一所，不知周径。四面开门，门外纵横各有十字大道。其西北十字道头定为乾地。或问乙出(圆城)南门,东行七十二步而止,甲从乾隅南行六百步望乙,与城参相直。城径几何步?

意思是说:有一个圆城,不知道大小。城的四面各开一门,门外纵横有几条十字大道。将西北两条大道的交点 A 处定为乾地。乙从圆城的南门出去,即往东走,走 72 步时站下;甲从乾地往南走 600 步,看到乙时视线正好贴着城边。问这个圆城的直径是多少步? 如图 2-5 所示。

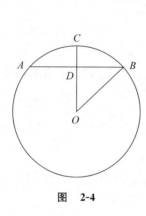

图　2-4

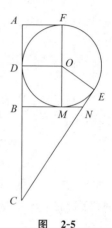

图　2-5

解:

设这个圆城的半径为 r,则 $CD=CE=600-r$。

又因为 $MN=EN=72$,

所以在三角形 BCN 中,运用勾股定理,可得:

$$CN = \sqrt{(r+72)(r+72)+(600-2r)(600-2r)}$$

而　　　　　　　　　　$CN+EN=CE$

代入:

$$\sqrt{(r+72)(r+72)+(600-2r)(600-2r)}+72=600-r$$

解得:

$$r = 120 \text{ 或 } 180$$

(3) 今有池方一丈,葭生其中央,出水一尺。引葭赴岸,适与岸齐。问水深、葭长各几何?

意思是说：有一个一丈见方的池塘，正中心生长着一棵芦苇。拉着芦苇的尖端引到岸边，正好与河岸齐平。问池塘的深度和芦苇的高度各是多少?

解：

如图 2-6 所示，根据题意可知：AB 为 10 尺，O 为 AB 中点，CO 为 1 尺，$CD=BD$，求 DO 的长。

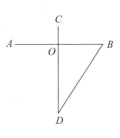

在三角形 OBD 中，设 $OD=h$，则 $BD=h+1$，$BO=5$，根据勾股定理得：

$$h \times h + 5 \times 5 = (h+1) \times (h+1)$$

解得： $h=12$(尺)

图 2-6

所以水深为 12 尺，芦苇高度为 13 尺。

21. 鸡兔同笼问题

鸡兔同笼是中国古代的数学名题之一。大约在 1500 年前，《孙子算经》中就记载了这个有趣的问题。书中是这样叙述的：今有雉兔同笼，上有三十五头，下有九十四足，问雉兔各几何?

这四句话的意思是：有若干只鸡兔同在一个笼子里，从上面数，有 35 个头，从下面数，有 94 只脚。问笼中各有多少只鸡和兔?

解：

本题可以列方程。假设鸡有 x 只，则兔子有 $35-x$ 只。

根据题意，可得：

$$2x + (35-x) \times 4 = 94$$

解得： $x=23$

所以鸡有 23 只，兔子有 $35-23=12$(只)。

另外还有其他一些简便算法。

基本思路如下。

(1) 假设，即假设某种现象存在(甲和乙一样或者乙和甲一样)。

(2) 假设后，发生了和题目条件不同的差，找出这个差是多少。

（3）每个事物造成的差是固定的，从而找出出现这个差的原因。

（4）再根据这两个差作适当的调整，消去出现的差。

基本公式如下。

（1）把所有鸡假设成兔子

鸡数 ＝（兔脚数 × 总头数 － 总脚数）÷（兔脚数 － 鸡脚数）

（2）把所有兔子假设成鸡

兔数 ＝（总脚数 － 鸡脚数 × 总头数）÷（兔脚数 － 鸡脚数）

关键问题：找出总量的差与单位量的差。

解释：假设把 35 只全看作鸡，每只鸡有 2 只脚，一共应该有 70 只脚。比已知的总脚数 94 只少了 24 只，少的原因是把每只兔的脚少算了 2 只。看看 24 只里面少算了多少个 2 只，便可求出兔的只数，进而求出鸡的只数。

还有人是这样计算的：假设这些动物全都受过训练，一声哨响，每只动物都抬起一条腿。再一声哨响，又分别抬起一条腿，这时鸡全部坐在了地上，而兔子还用两只后腿站立着。此时，脚的数量为 94－35×2＝24，所以兔子有 24/2＝12（只），则鸡有 35－12＝23（只）。

除此之外，我国古代有人也想出了一些特殊的解答方法。

假设一声令下，笼子里的鸡都表演"金鸡独立"，兔子都表演"双腿拱月"。那么鸡和兔着地的脚数就是总脚数的一半，而头数仍是 35。这时鸡着地的脚数与头数相等，每只兔着地的脚数比头数多 1，那么鸡兔着地的脚数与总头数的差就等于兔的头数。

我国古代名著《孙子算经》对这种解法就有记载："上署头，下置足。半其足，以头除足，以足除头，即得。"

具体解法：兔的只数是 94÷2－35＝12（只），鸡的只数是 35－12＝23（只）。

22. 赛制问题

在正规的大型赛事中，我们经常听到淘汰赛或者循环赛的提法，实际上这是两种不同的赛制，选手们需要根据事前确定的赛制规则进行比赛。我们先谈谈两者的概念和区别。

（1）循环赛

循环赛就是参加比赛的各队之间轮流进行比赛，做到队队都会相遇，根据各队胜负的场次积分决定名次。循环赛包括单循环和双循环。

单循环是每个参加比赛的队均能与其他各个队相遇一次，最后按各队在全部比赛中的积分、得失分率排列名次。单循环适用于参赛选手数目不多，而且时间和场地都有保证的情况。

单循环比赛场次的计算公式为：

单循环赛比赛场次数 ＝ 参赛选手数×（参赛选手数－1）/2

双循环是所有参加比赛的队均能相遇两次，最后按各队在两个循环的全部比赛中的积分、得失分率排列名次。双循环适用于参赛选手数目少，或者打算创造更多的比赛机会的情况。

双循环比赛场次计算的公式为：

双循环赛比赛场次数 ＝ 参赛选手数×（参赛选手数－1）

（2）淘汰赛

淘汰赛就是所有参加比赛的队按照预先编排的比赛次序、号码位置，每两队之间进行一次第一轮比赛，胜队再进入下一轮比赛，负队便被淘汰，失去继续参加比赛的资格，能够参加到最后一场比赛的队，胜队为冠军，负队为亚军。淘汰赛常用于需要决出冠（亚）军的场次，以及三（四）名的场次。

决出冠（亚）军的比赛场次计算的公式为：由于最后一场比赛是决出冠（亚）军，若是 n 个人参赛，只要淘汰掉 $n-1$ 个人，就可以了，所以比赛场次是 $n-1$ 场，即淘汰出冠（亚）军的比赛场次＝参赛选手数－1；决出前三（四）名的比赛场次计算的公式为：决出冠亚军之后，还要在前四名剩余的两人中进行季军争夺赛，也就是需要比只决出冠（亚）军再多进行一场比赛，所以比赛场次是 n 场，即淘汰出前三（四）名的比赛场次＝参赛选手数。

例子：

（1）学校排球联赛中，有 4 个班级在同一组进行单循环赛，成绩排在最后的一个班级被淘汰。如果排在最后的几个班的负场数相等，则他们之间再进行附加赛。初一（1）班在单循环赛中至少能胜一场,这个班是否可以确保在附加赛之前不被淘汰?是否一定能出线?为什么?请写出解题步骤,并简单说明。

解:

用 A、B、C、D 表示四个班。

假设 A 的最差情况是 Win 为 1,Lose 为 2,见表 2-2(Win 表示胜利,Lose 表示失败)。

表　2-2

输赢＼班级	A	B	C	D
Win	1	×	×	×
Lose	2	×	×	×

填写这些×位置的数字,须遵守以下规则,每横行之和为 6,每竖列之和为 3。

有以下两种情况,见表 2-3 和表 2-4。

表　2-3

输赢＼班级	A	B	C	D
Win	1	3	2	0
Lose	2	0	1	3

表　2-4

输赢＼班级	A	B	C	D
Win	1	2	1	2
Lose	2	1	2	1

所以能保证附加赛前不被淘汰,但不能保证出线。

(2)有 7 个好朋友想要进行一次"羽毛球循环赛",每两个人互赛一场。比赛的结果如下。

甲:3 胜 3 败。

乙：0 胜 6 败。

丙：2 胜 4 败。

丁：5 胜 1 败。

戊：4 胜 2 败。

请问：第 6 个人的成绩如何？

解：

6 个人胜的场数和败的场数应该是一样的，前五个人胜了 14 场，败了 16 场。也就是说第六个人胜的场数应该比败的场数多 2 场。又因为每个人都要比赛 6 场，所以成绩应该是 4 胜 2 败。

（3）100 名男女运动员参加乒乓球单打淘汰赛，要产生男女冠军各一名，则要安排单打赛多少场？

解：

在此完全不必考虑男女运动员各自的人数，只需考虑把除男女冠军以外的人淘汰就可以了，因此比赛场次是 $100-2=98$（场）。

23．页码问题

页码问题是指在印刷某些页码时需要用到多少个数字 1，多少个数字 2，多少个数字 3……

一般来说：

001～099 有 20 个 N（N 表示 1～9 的任何数）

100～199 有 20 个 N（N 不能等于 1）

200～299 有 20 个 N（N 不能等于 2）

……

0000～0999 有 300 个 N（N 表示 1～9 的任何数）

1000～1999 有 300 个 N（N 不能等于 1）

2000～2999 有 300 个 N（N 不能等于 2）

……

00000～09999 有 4000 个 N（N 表示 1～9 的任何数）

10000～19999 有 4000 个 N（N 不能等于 1）

……

100000～199999 有 50000 个 N（N 不能等于 1）

900000～999999 有 50000 个 N（N 不能等于 9）

……

例子：

（1）3000 页码里含有多少个 2？

解：

1～99 里有 20 个 2，100～199 有 20 个 2。0～999 中，除了 200～299 有 100＋20 个 2 以外，每 100 都有 20 个 2，则 0～999 共有 2：120＋9×20＝300。同理：3000～3999 也有 300 个 2。考虑 2000～2999，因为 0～999 含有 300 个 2，这 1000 个数里，每个数其实都多加了一个 2，则应该含有 1000＋300 个 2。所以共有 1300＋300＋300＝1900 个 2。

解答这类问题通常有两个思路。

思路 1：0～999 含 2 的数量为 300 个，1000～1999 含 2 的数量为 300 个；2000～2999 含 2 的数量为 1300 个，则共有 1900 个 2。

思路 2：0～3000 中，百位以下（含百位）含 2 的数量为 3×300＝900，千位含 2 的数量为 1000 个，则共有 1900 个 2。

（2）1000 页码里有多少页含 1？

解：

此题与上题不同，问的是页数。

00～99 中，含 1 的页码有 10＋9 个。则 200～299，300～3999，…，900～999，共有含 1 的页码是 19×8 个。在 100～199 中，含 1 的页码为 100 个，加上第 1000 页，共有页码为 19＋19×8＋100＋1＝272（页）。

（3）以前图书排版的时候是用铅字的，一个字或者一个数字都需要用 1 个铅字，比如数字 18 需要用到"1"和"8"两个铅字，256 需要"2""5""6"三个铅字。现在在排版一本书的时候，只页码就用了 660 个。你知道这本书一共有多少页吗？

解：

首先，我们知道 1～9 这 9 个页码分别需要 1 个铅字；10～99 这 90 个页码需要 2 个铅字；100～999 则需要 3 个铅字，以此类推。

前 9 页一共需要 9 个铅字,10~99 页需要 180 个铅字,这样用去了 189 个铅字,还剩下 660－189＝471,用到 3 个铅字的页码有 471/3＝157(页),所以这本书的总页码为 99＋157＝256(页)。

24. 数列问题

数列是以正整数集(或它的有限子集)为定义域的函数。简单来说,数列是一列有序的数,数列中的每一个数都叫作这个数列的项。排在第一位的数称为这个数列的第 1 项(通常也叫作首项),排在第二位的数称为这个数列的第 2 项⋯⋯排在第 n 位的数称为这个数列的第 n 项,通常用 a_n 表示。

例如:数列 1、2、3、4、5⋯⋯这就是一个自然数数列,它也是最简单的一个数列。我们可以看出,它是有一定规律的,即每一项都比前一项多 1。

对于数列,我们的要求是熟悉并熟记一些常见数列,保持对数字的敏感性,同时要注意倒序。

1) 一些常见的数列

(1) 自然数列:1、2、3、4、5、6、7、8⋯($a_n＝n$)

(2) 自然数倒数数列:1、1/2、1/3、1/4、1/5、1/6、1/7、1/8⋯($a_n＝1/n$)

(3) 偶数数列:2、4、6、8、10、12、14⋯($a_n＝2n$)

(4) 奇数数列:1、3、5、7、9、11、13、15⋯($a_n＝2n-1$)

(5) 摆动数列:－1、1、－1、1、－1、1、－1、1⋯$[a_n＝(-1)^n]$

1、－1、1、－1、1、－1、1、－1、1⋯$[a_n＝(-1)^{(n+1)}]$

1、0、1、0、1、0、1、0、1、0、1⋯$\{a_n＝[(-1)^{(n+1)}+1]/2\}$

1、0、－1、0、1、0、－1、0、1、0、－1、0⋯$\{a_n＝\cos[(n-1)\pi/2]＝\sin[n\pi/2]\}$

(6) 0 位数数列:1、11、111、1111、11111⋯$\{a_n＝[(10^n)-1]/9\}$

9、99、999、9999、99999⋯$[a_n＝(10^n)-1]$

(7) 平方数列:1、4、9、16、25、36、49⋯($a_n＝n^2$)

(8) 等比数列:1、2、4、8、16、32⋯$[a_n＝2^{(n-1)}]$

（9）整数平方数列：4、1、0、1、4、9、16、25、36、49、64、81、100、121、169、196、225、256、289、324、361、400…$[a_n=(n-3)^2]$

（10）整数立方数列：-8、-1、0、1、8、27、64、125、216、343、512、729、1000…$[a_n=(n-3)^3]$

（11）质数数列：2、3、5、7、11、13、17…（注意倒序，如 17、13、11、7、5、3、2）

（12）合数数列：4、6、8、9、10、12、14…（注意倒序）

（13）斐波那契数列：1、1、2、3、5、8、13、21…

（14）大衍数列：0、2、4、8、12、18、24、32、40、50…

（15）三角形数：1、3、6、10…$[a_n=n(n+1)/2]$

2）解决数列问题的思路

解决数列问题（数字推理）的基本思路是通过观察数列各项之间的变化，或者将两项间相加、相减、相乘、相除、平方、立方等运算来找出其中的规律。所谓万变不离其宗，这类问题最基本的形式是等差、等比、平方、立方、质数列、合数列等。

（1）方法一：运算关系分析

① 作和法

作和法就是依此做出连续两项或者三项的和，由此得到一个新的、有特殊规律的数列。通过新数列，推知原数列的规律。

例子：

请根据给出数字之间的规律，填写空缺处的数字。

1、1、2、3、4、7、（　　　）。

A. 6　　　　　　B. 8　　　　　　C. 9　　　　　　D. 10

解：

题目中的数字都很小，因此考虑作和法。

$$1+1=2$$
$$1+2=3$$
$$2+3=5$$
$$3+4=7$$
$$4+7=11$$
…

正好是质数列,下一个质数应该是 13,所以空缺处的数字为 6。答案为 A。

② 作差法

作差法是对原数列相邻两项依此作差,由此得到一个新的、有特殊规律的数列。通过新数列,推知原数列的规律。

例子:

请根据给出数字之间的规律,填写空缺处的数字。

52、57、66、79、96、( )。

A. 111　　　　B. 117　　　　C. 121　　　　D. 127

解:

相邻两项依此作差,得到:

$$57 - 52 = 5$$
$$66 - 57 = 9$$
$$79 - 66 = 13$$
$$96 - 79 = 17$$
$$\cdots$$

为公差为 4 的等差数列。所以答案为 B。

③ 作积法

作积法是计算出数列相邻两项的积,探寻出其与数列各数字之间的联系,从而确定整个数列的规律。

例子:

请根据给出数字之间的规律,填写空缺处的数字。

1、7、7、9、3、( )。

A. 1　　　　B. 7　　　　C. 2　　　　D. 3

解:

此题的规律为前两项相乘后,取其个位数即为第三项。所以答案为 B。

④ 作商法

作商法是对原数列相邻两项依此作商,由此得到一个新的、有特殊规律的数列。通过新数列,推知原数列的规律。

例子：

请根据给出数字之间的规律，填写空缺处的数字。

4、6、12、30、90、（　　　）。

A. 120　　　　　　B. 175　　　　　　C. 230　　　　　　D. 315

解：

相邻两个数依次作商，得到：

$$6 \div 4 = 1.5$$
$$12 \div 6 = 2$$
$$30 \div 12 = 2.5$$
$$90 \div 30 = 3$$
$$\cdots$$

为等差数列。下一项应为 $90 \times 3.5 = 315$，所以选 D。

⑤ 转化法

转化法是将数列前面的项按照某一特定的规律转化可以得到后面的项，整个数列每一项都有此规律。

例子：

请根据给出数字之间的规律，填写空缺处的数字。

1、3、8、19、42、（　　　）。

A. 78　　　　　　B. 89　　　　　　C. 90　　　　　　D. 115

解：

在其他思路行不通时可以考虑转化法。

$$1 \times 2 + 1 = 3$$
$$3 \times 2 + 2 = 8$$
$$8 \times 2 + 3 = 19$$
$$19 \times 2 + 4 = 42$$

所以结果为 $42 \times 2 + 5 = 89$，答案为 B。

⑥ 拆分法

拆分法就是把数列的每一项都拆分成两部分，这两部分分别有一个特定的规律。

例子：

请根据给出数字之间的规律，填写空缺处的数字。

2、9、25、49、99、(   )。

A. 133   B. 143   C. 153   D. 163

解：

将数列的每一项进行拆分：

$$2 = 1 \times 2$$
$$9 = 3 \times 3$$
$$25 = 5 \times 5$$
$$49 = 7 \times 7$$
$$99 = 9 \times 11$$
$$\cdots$$

第一部分为奇数数列，第二部分为质数数列，下一项应该为 $11 \times 13 = 143$。所以答案为 B。

（2）方法二：数项特征分析

一个数列的数项特征一般有以下几种。

① 整除性

整除性是指一个整数可以被哪些整数整除。每个正整数除了可以被 1 和它本身整除以外，它的约数越多，整除性越好。

常用的整除规则如下。

- 所有偶数都可以被 2 整除；
- 各位数字之和能被 3 整除的数也能被 3 整除；
- 个位数字为 0 或 5 的数字可以被 5 整除；
- 能同时被 2 和 3 整除的数也能被 6 整除；
- 各位数字之和能被 9 整除的数也能被 9 整除。

例子：

请根据给出数字之间的规律，填写空缺处的数字。

1、6、20、56、144、(   )。

A. 256   B. 278   C. 352   D. 360

解：

除了第一项 1 外，其他的各项都有很好的整除性，所以本题考虑将各项拆分。1 只能拆分成 1×1，6 拆分成 2×3，20 拆分成 4×5，56 拆分成 8×7，144 拆分成 16×9。我们可以看出拆分后第一个乘数分别是 1、2、4、8、16…；第二个乘数为 1、3、5、7、9…

前者是等比数列，后者是等差数列。所以空缺处应该为 $32 \times 11 = 352$。故答案为 C。

② 质数与合数

质数除了 1 和它本身外没有其他约数，合数除了 1 和它本身还有其他约数。根据这个特点，即可把整数进行区分。注意：1 既不是质数也不是合数；除了 2 以外，所有的质数都是奇数。

对于常用的质数，我们最好能把它们记住，这样对类似题目的运算有很大帮助。

100 以内的质数：2、3、5、7、11、13、17、19、23、29、31、37、41、43、47、53、59、61、67、71、73、79、83、89、97。

例子：

请根据给出数字之间的规律、填写空缺处的数字。

2、4、7、12、19、(　　　　)。

A. 21　　　　　　B. 27　　　　　　C. 30　　　　　　D. 41

解：

计算相邻两个数之差，我们会发现分别为 2、3、5、7…为质数数列，所以下一个数字应该是 $19 + 11 = 30$。故答案是 C。

25. 珠心算问题

珠心算即珠算式心算。珠算是以算盘为工具，进行加、减、乘、除、开方等运算的计算方法。其运珠技巧有一定的规律及口诀，当使用者能熟练操作算盘，除了会快速求出正确答案外，也能透过脑细胞的滋长，将算盘的盘式、档次及算珠的浮动变化描绘到脑子里，即好像在脑子里有把"活算盘"。并透过知觉、形象、记忆等过程，在大脑里完成珠算运算，即我们所谓珠算式心算。

熟练掌握了珠算式心算,可以让我们的计算速度大大加快。往往只要听到题目报数,或自己看到计算题型,就能将答案脱口而出,或立即写出。

　　1)加法口诀表(表2-5)

表　2-5

操作　　数字	不进位的加		进位的加	
	直加	满五加	进十加	破五进十加
一	一上一	一下五去四	一去九进一	
二	二上二	二下五去三	二去八进一	
三	三上三	三下五去二	三去七进一	
四	四上四	四下五去一	四去六进一	
五	五上五		五去五进一	
六	六上六		六去四进一	六上一去五进一
七	七上七		七去三进一	七上二去五进一
八	八上八		八去二进一	八上三去五进一
九	九上九		九去一进一	九上四去五进一

　　2)减法口诀表(表2-6)

表　2-6

操作　　数字	不退位的减		退位的减	
	直减	破五减	退位减	退十补五的减
一	一下一	一上四去五	一退一还九	
二	二下二	二上三去五	二退一还八	
三	三下三	三上二去五	三退一还七	
四	四下四	四上一去五	四退一还六	
五	五下五		五退一还五	
六	六下六		六退一还四	六退一还五去一
七	七下七		七退一还三	七退一还五去二
八	八下八		八退一还二	八退一还五去三
九	九下九		九退一还一	九退一还五去四

3）乘法口诀表

① 一乘

一一 01，一二 02，一三 03，一四 04，一五 05，一六 06，一七 07，一八 08，一九 09。

② 二乘

二一 02，二二 04，二三 06，二四 08，二五 10，二六 12，二七 14，二八 16，二九 18。

③ 三乘

三一 03，三二 06，三三 09，三四 12，三五 15，三六 18，三七 21，三八 24，三九 27。

④ 四乘

四一 04，四二 08，四三 12，四四 16，四五 20，四六 24，四七 28，四八 32，四九 36。

⑤ 五乘

五一 05，五二 10，五三 15，五四 20，五五 25，五六 30，五七 35，五八 40，五九 45。

⑥ 六乘

六一 06，六二 12，六三 18，六四 24，六五 30，六六 36，六七 42，六八 48，六九 54。

⑦ 七乘

七一 07，七二 14，七三 21，七四 28，七五 35，七六 42，七七 49，七八 56，七九 63。

⑧ 八乘

八一 08，八二 16，八三 24，八四 32，八五 40，八六 48，八七 56，八八 64，八九 72。

⑨ 九乘

九一 09，九二 18，九三 27，九四 36，九五 45，九六 54，九七 63，九八 72，九九 81。

4）除法口诀

归除法可以用口诀进行计算，有九归口诀、退商口诀和商九口诀。

其中,除数是一位数的除法叫"单归";除数是两位或两位以上的除法叫"归除",除数的首位叫"归",以下各位叫"除"。

如,除数是 534 的归除,叫"五归三四除",即用五归口诀求商后,再用 34 除。

（1）九归口诀,共 61 句。

① 一归（用 1 除）

逢一进一,逢二进二,逢三进三,逢四进四,逢五进五,逢六进六,逢七进七,逢八进八,逢九进九。

② 二归（用 2 除）

逢二进一,逢四进二,逢六进三,逢八进四,二一添作五。

③ 三归（用 3 除）

逢三进一,逢六进二,逢九进三,三一三余一,三二六余二。

④ 四归（用 4 除）

逢四进一,逢八进二,四二添作五,四一二余二,四三七余二。

⑤ 五归（用 5 除）

逢五进一,五一倍作二,五二倍作四,五三倍作六,五四倍作八。

⑥ 六归（用 6 除）

逢六进一,逢十二进二,六三添作五,六一下加四,六二三余二,六四六余四,六五八余二。

⑦ 七归（用 7 除）

逢七进一,逢十四进二,七一下加三,七二下加六,七三四余二,七四五余五,七五七余一,七六八余四。

⑧ 八归（用 8 除）

逢八进一,八四添作五,八一下加二,八二下加四,八三下加六,八五六余二,八六七余四,八七八余六。

⑨ 九归（用 9 除）

逢九进一,九一下加一,九二下加二,九三下加三,九四下加四,九五下加五,九六下加六,九七下加七,九八下加八。

（2）退商口诀,共 9 句。

无除退一下还一,无除退一下还二,无除退一下还三。

无除退一下还四,无除退一下还五,无除退一下还六。

无除退一下还七,无除退一下还八,无除退一下还九。

（3）商九口诀,共 9 句。

见一无除作九一,见二无除作九二,见三无除作九三。

见四无除作九四,见五无除作九五,见六无除作九六。

见七无除作九七,见八无除作九八,见九无除作九九。

参 考 文 献

［1］纳瑟.风靡全球的心算法：印度式数学速算［M］.朱凯莉,译.北京：中国传媒大学出版社,2010.

［2］王擎天.越玩越聪明的印度数学［M］.北京：中国纺织出版社,2009.

［3］本杰明.生活中的魔法数学：世界上最简单的心算法［M］.李旭大,译.北京：中国传媒大学出版社,2009.

［4］史丰收.算术革命：能一口报出答案的史丰收速算法［M］.香港：三联书店(香港)有限公司,2007.

［5］李永新.2017国家公务员录用考试专业教材［M］.北京：人民日报出版社,2016.